照片的描述与表达

——如何用 Photoshop CC 制作有故事的照片

余艳红 著

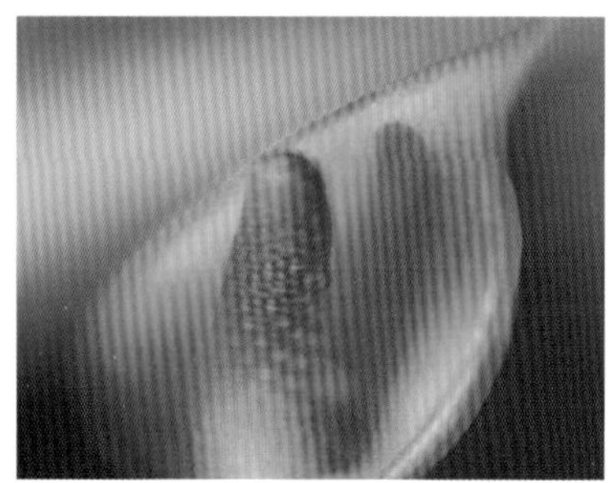

内 容 简 介

本书不是为了讲解摄影理论或者摄影技巧，它是结合了作者的拍摄经验，把生活中那些无处不在的事物之美用照片和故事的方式呈现。

大众摄影背景下，照片已然成为很多人心随影动的外化形式，《照片的描述与表达——如何用 Photoshop CC 制作有故事的照片》通过照片以及拍摄该张照片的构思、参数，拍摄该类照片时需注意的问题、选择这张照片的原因来对照片进行直观描述；照片背后的故事、后期制作软件完善作品，则是用文字和后期修饰将该张照片的情感外化，形成作者对生活的感悟，完成照片的主题表达。

本书分为三个部分：风景、人物、小景

本书可作为高等院校摄影专业参考书，也可以作为摄影爱好者的入门辅导工具书。

图书在版编目(CIP)数据

照片的描述与表达——如何用 Photoshop CC 制作有故事的照片/余艳红著.—长沙:中南大学出版社,2016.12

ISBN 978-7-5487-2296-0

Ⅰ.照... Ⅱ.余... Ⅲ.图象处理软件 Ⅳ.TP391.41

中国版本图书馆 CIP 数据核字(2016)第 127810 号

照片的描述与表达

ZHAOPIAN DE MIAOSHU YU BIAODA

——如何用 Photoshop CC 制作有故事的照片

余艳红　著

□责任编辑　谢贵良
□责任印制　易建国
□出版发行　中南大学出版社
社址:长沙市麓山南路　邮编:410083
发行科电话:0731-88876770　传真:0731-88710482
□印　装　湖南金太阳印刷有限公司

□开　本　889×1194　1/16　□印张 10　□字数 292 千字
□版　次　2016 年 12 月第 1 版　□印次　2016 年 12 月第 1 次印刷
□书　号　ISBN 978-7-5487-2296-0
□定　价　56.00 元

前　言

“我们不只是用相机拍照。我们带到摄影中去的是所有我们读过的书，看过的电影，听过的音乐，爱过的人。”

——安塞尔·亚当斯

缘 起

闲走几段路，讲几个故事，是写作这本书的初衷。读书写字，听歌旅行，在当下仿佛已经是件奢侈的事情，好在还有远方与时光，把人生重要的体验用照片来表现，亦是美好生活的另一面。

书中所有的照片都来源于作者旅行中捕捉到的某一个片段，它们也许算不上美仑美奂，无论是创意还是摄影技巧都有待提高，但是在按下快门的那一刻，我想至少我是感动了自己的。

书中每一个故事也都来源于生活中遇到的形形色色的人，他们可能是你，也可能是我，在滚滚红尘中，我们或匆匆遇见又匆忙告别，亦或在岁月的流逝中成为了朋友，每一次回望，那些内心的感动依然让我不能忘怀。谢谢你们在那些日子里带来的美好，也祝福你们在生命的长河中流淌着的都是记忆的芬芳。

说 书

本书的书名已经包含了对书的内容的诠释：

照片的描述与表达——如何用 Photoshop CC 制作有故事的照片

有故事的照片光有优秀的画面还不够，它需要摄影师前期的构思与规划、后期制作以及最终呈现的效果。

描述（describe）——运用各种修辞手法对事物进行形象化的阐述

每一张照片被选中的原因在作者对该照片的简单描述中获得表达，拍摄地点、参数设置及拍摄环境是作者在拍下照片时的构思，从这一刻开始，拍摄就不仅仅是按下快门那么简单的事情，它是一个摄影者对于为什么要拍，怎么拍，这么拍的原因是什么的一个快速思考。就比如本书中很多人物都是用大光圈、长焦来拍摄，为什么呢？大光圈可以虚化背景，突出主题，旅行途中，面对杂乱的背景，熙熙攘攘的人群，大光圈无疑能让你的主角从中凸显；长焦则会让模特忽略摄影师的存在，如果是抓拍，则可以让角色最真实的一面呈现，镜头中的人或事物关系也容易呈现，能够更好地用照片讲故事。

Photoshop CC 是 Photoshop Creative Cloud 的简写，利用 Photoshop CC 进行后期制作是因为 Photoshop CC 不仅继承了之前 Photoshop 的功能，还增加了相机防抖动、Camera RAW 功能改进等，“储存至云端”还可让多台电脑之间的档案保持条理。

当然，使用该软件除了完善作品本身，更多的是在制作过程中分享如何用更加直观的手段让观看者去思考：哪些元素是一幅作品必备元素？哪些元素又是能够真正触动人们并产生思考的成因？

表达（express）——用口说或用文字把思想感情表示出来

表达的方式有很多种，但不管是用什么样的方式，情感才是最为重要的表现内容。

每张照片背后的故事其实是作者用文字来传递情感的外化，它表达的不仅是作者在按下快门的那一刹那呈现的摄影灵感及内心深处的起伏变幻，同时也是以此来彰显摄影师在场景中挖掘事件及表达情感的能力。

书中的每一个故事都不长，有的甚至谈不上过程和连续性，但是，当这个故事与照片链接在一起的时候，它承载的是一段记忆，是走过一段岁月、结识一个人时的经历，饱含着一份情感，这些人，这些事，不仅丰富了我的眼界，也让我不断地思考，努力前行。

结 构

第一章 风景 最美的风景永远在路上，所以，本书选择了 9 幅旅行途中记录下来的风景，它是在童话小镇 CK 驻足的那一刹那，天空中美丽的云朵投下的美丽倒影，也是松雅湖畔游弋时被夕阳笼罩的惊喜，无论是柬埔寨之光还是海陵岛之魅都是在某个瞬间击中了我柔软的心脏，迫不及待地想要分享的美丽世界，在那一刻，我想到了某个人，他或她的故事与此情此景如此地融合，以至于我只想把这幅照片和这个故事送给他们，当然，没有行在路上的日子也因为有了这些照片以及照片背后的故事回味无穷。

第二章 人物 有人认为，拍人物很容易，有好看的模特，有高端的器材，上个大光圈，怎么拍都会好看。事实上，人像摄影是摄影里面最难的，很多摄影艺术家都认为人像拍摄对人物神情捕捉、人物心理刻画以及人物神韵表达要求很高，抓拍人物时，则需要小心安排人物与环境之间的关系，否则很难形成作品的叙事性，容易沦为“糖水片”。

本书选择的 9 张人物照片多数为抓拍，有些还是人物的侧面、背影，因为缺失面部表情，一般情况下会让画面略显平淡，好在人物和环境之间多为相辅相成的关系，特定环境下人物的肢体语言也充满了表现力，才让这些人物在特定的环境中具备了不一样的画面表达能力，形成了故事性。

第三章 小景 拍摄小景是发现细节，展现摄影师独特眼光的手段之一，

因此在色彩、形状、质感部分要特别注意。当然，有个微距镜头能事半功倍。

关于后期制作

关于是否要注重后期，以及注重的程度，业界争论已久，各有想法。在后期处理照片时，个人习惯是在保持原片风格的基础上适当调整，调整的目的只有一个：符合照片的主题，也因此，本书中主要讲述了利用 Photoshop CC 完成照片的后期制作的一些基础知识，在此对想要全面学习 Photoshop CC 的“客官”表示抱歉。

感 谢

本书在创作过程中，得到了李建光先生、王宏老师的指导，欧华亮、宋文康、李宁同学也为本书故事的写作提供了很多灵感，还有许多关心我的朋友们，一同走过世界各地、快乐摄影的摄友们，在此一并感谢。

鉴于时间仓促，书中的纰漏和考虑不周之处在所难免，敬请读者朋友和同行批评指正。

作 者

2016 年 4 月 8 日

作 者 简 介

余艳红，高级摄影师，高校传媒类专业教师，主要研究方向为影视制作。学生时代接触相机，自己成为老师后，为了能够指导学生而深入研习摄影技巧，常常独自上路去探寻世界之美，只想做个有故事的摄影爱好者，拍摄些有故事的照片。

目录

第一章　风光

1.1 童话世界

2015 年 8 月 ，克罗姆洛夫，捷克南部的小镇，200 多年以来远离现代工业文明，街道和建筑都保存着中世纪的风格，是欧洲最漂亮的小镇之一。

1.1.1 选择《童话世界》的理由

选择这张照片的理由其实很简单——漂亮。

高饱和度的浓郁色彩，蓝天与白云的交相辉映，极富有线条感的建筑，五颜六色的皮划艇。作为哥特时代后文艺复兴与巴洛克艺术的结晶，用鲜明的色彩、线条来表现克罗姆洛夫优美、宁静、梦幻再为合适不过了。

好多人说，到了捷克的克罗姆洛夫，随便是个什么人，什么相机都可以拍出美仑美奂的大片。可是，我却以为，这里不仅仅是一个美丽的童话世界，同时也是一种极致美的 Lifestyle。

拍摄参数：Canon EOS 6D F/8.0 1/250 ISO 100

1. 关于佳能 EOS 6D：优势是搭载 Wifi 功能的全画幅机型，较轻，适合女性；

2. 光圈 F/8.0 的特点：对于 24-105 的镜头而言，最佳光圈在 F/8.0-F/11 这两档，成像质量高，在拍摄城市建筑、大场景的风光时，这类中小光圈在细节和层次方面有一定的优势。

《童话世界》主要表现克罗姆洛夫小镇的风景之美，不同层次的内容叠加在一起，让我们恍若身处不真实的世界，在这个世界里，没有尘世间的纷扰，只有最纯粹的对美的追求，对生活的热爱。

1.1.2 《童话世界》背后的故事

一月六日，小寒

“小寒已近手难舒，终日掩门深闭庐”，关于这个节气的描述，直透着一个“冷”字。当我哆哆嗦嗦地走进教室的时候，平时爱闹爱笑的摄像班一反常态地安静。我猜他们是担心成绩吧，要知道为了让他们好好上课，我平时可没少想些小点子来折腾他们，虽然一直以来跟他们的关系都特别好，核算成绩的时候却也从来没有含糊过。本学期的最后一次课，就是他们过程性考试成绩核算的时候。这会儿，无论是谁，都得靠学习过程来说话了，迟到、上课不回答问题、缺交作业、小论文偏题、ppt 做得不好、拍摄的作品主题不突出甚至团队合作不好，统统都得扣分，反之则可加分，他们常常会半真半假地跟我哭诉，“老师，你这么折腾我们，玩不下去了”。没想到这一“玩”就是一年，加上中途帮另一个老师带班的半年，算起来，居然看着他们从大一到了大二了。

两节课的时间很快，伴随着下课铃声的是全班同学的拖拖拉拉，半天也没有走出教室，有外向的学生大声祝福我新年快乐，内向的则围在我身边有一搭没一搭地聊天。突然几个班上的调皮鬼开始起哄：“老师，大个子给你准备了礼物。”被同学昵称为“大个子”的他走上讲台，将一套《三体》递给我，“老师，你先看书，之后再去看电影，会有不一样的效果的”。旁边的同学纷纷开始鼓掌。

我有些感动，也有些不知所措，感动是源于这份礼物，不知所措也是源于这份礼物。从事教学工作以来，常常会收到学生送的各种小礼物，第一次因为结束一门课程，因为不再上这个班的课而收到礼物。难怪前几周他每次上课都会问我同一个问题：“你下学期真的不上我们班的课了么？”答案当然是肯定的。

关于他，我曾世故地以为是个挑战。记得第一次去他们班上课时印象最深刻的就是坐在第一排的他，手机里放的音乐声音大得透过耳机连讲台上的我都可以听见，虽然眼神清澈，但基本不看讲台上的我，大多数时候他喜欢随着音乐摇头晃脑。无论我讲的课堂教学要求还是调节课堂气氛的冷笑话，他的脸上基本没有表情，仿佛上课对他而言就只是来了，走了。

见他有别于其他的学生，下课后我悄悄地问班长，他是什么情况，班长笑笑说：“老师，你不用搭理他，他就那样，精神上没问题，他喜欢文学和电影，很多时候容易沉浸在自己的小世界里，不说话的时候，没准他就在想某个奇怪的桥段呢。”我半信半疑地打量他，暂时按捺住自己的好奇心继续上课。

好在他们班其他的同学都足够配合，一堂课下来，很快就跟他们熟络了，因为讲的是影视色彩学，摄影摄像班又以男孩子为主，自然而然就和他们聊起暴力美学，没想到的是，没有表情的他突然就在课堂大声地将暴力美学特征、代表导演及其作品说出来了，当然，不知何时耳机也已经摘下来了。

后来，他就常常开始和我聊各种类型的电影，也推荐一些他认为好的片子、书给我看，看完还得跟他谈感受，没看或者不说就每周追着我问，搞得我每次上课前除了备好自己的课，还得做他的功课。再后来，我上课基本不需要带任何电影素材，基本上，我讲到哪一部，他就会从他的移动硬盘里找出来给我，他们班的同学都笑称他是班上的电影素材库。想来他送我《三体》这套书，应该是源于我们某次讨论的关于科幻电影的话题吧。当然，他还是喜欢在课堂上突如其来地大声发表他的观点，偶尔还为了调节课堂气氛而搞怪，长期出演同学作品中的“傻大个”。

我故作轻松地问他：“你有签名么？”他点点头说：“谢谢你，老师。”

在书的扉页里，他写道：“一日为师，终身为父，师恩无以为报，片言只语愿能表达自己的感受……”

我看着他清亮的眼眸，在这一天的极寒中，内心充盈着温暖。

一个有自己世界的孩子，一个眼神澄净的孩子，一个有信仰的孩子，一个在浮躁的时代依然愿意读书的孩子，我愿你的世界如童话，怀抱梦想实现它。我愿你的世界被温柔相待，从此人生美如画。

1.1.3 如何用 Photoshop CC 完成《童话世界》后期制作

本节知识点：解锁背景层

一般图片在 Photoshop CC 中打开后是不可编辑的，需要解锁后才可进行编辑。

导入图片到 PS 中时，我们会看到图层末端有一个锁头的图标，表明该图层已经被锁定保护，因此需要双击图片，将其变成普通图层（见图 1）或者选中该图层，在最上方有个锁头的图标，点击一下选中该图层，点击一下即可解锁，再次点击即可锁定。

步骤一：解锁背景层。

图 1

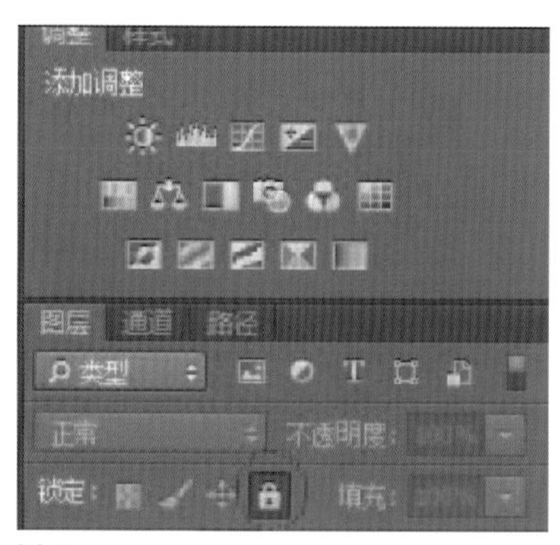

图 2

步骤二：复制图层备份。

复制图层的目的是为了备份原图层，在副本中进行操作，如果副本弄坏了，还有备份。

步骤三：新建“色阶”调整图层

色阶的右边白色为高光滑块，中间灰色为灰度滑块，左边黑色为暗调滑块，图片中天空部分的高光过爆，亮部细节不明显，通过调节右边高光的亮度级别，增强对比度，让照片看起来更加清晰，使得蓝天白云产生较大的反差，突出天空的层次。

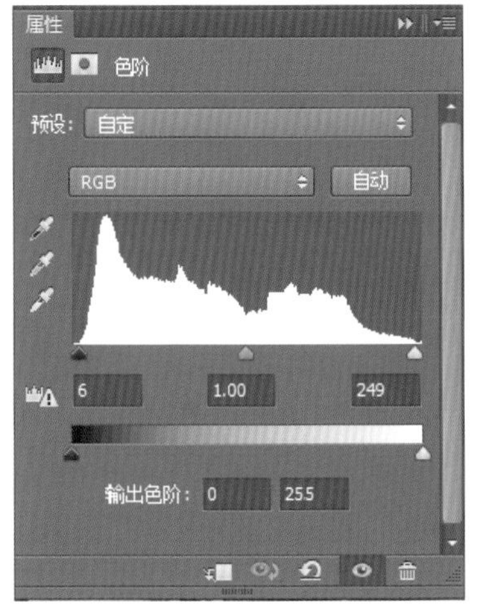

图 3 色阶参数

图 4 调整色阶效果

步骤四：新建“曲线”调整图层。

曲线主要用来调节图片的明暗程度，曲线可以调节全图，也可以只对局部进行调整。照片中河水、树木较暗，像素过于集中，缺乏对比，需要对其进行调整。调整过程中，因为只涉及局部调节，因此该步骤需要给图层加上蒙版。蒙版可以透过图层看到下面一层，用蒙版可以控制图层的显示范围。

点击蒙版可以创建新的填充或调整图层，对照片整体进行调整。如只调整局部，可用画笔工具或橡皮擦涂抹（画笔的颜色为前景色，前景色和后景色的变换为“X”），以实现局部调整，蒙版的规则是：白留黑挡（白留黑透）。

由于蒙版中白色的部分是不能够透过，因此看不到下一层，黑色的部分可以透过，可以看到下一层的画面所以我们给房屋、河水和树木打上蒙版，用黑色的画笔将其透出来，天空部分保留。

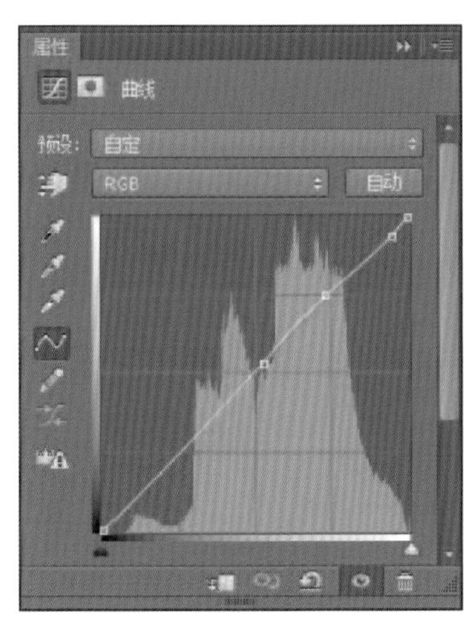

图 5 曲线参数

图 6 调整曲线效果

步骤五：新建“亮度 / 对比度”调整图层。

亮度 / 对比度的作用主要是调节图片的明暗、对比，能够有效地对高光亮度、暗部细节等进行提高或降低。图片中树木、屋顶明显明度不够，树木与屋顶之间最亮和最暗之间的层级也不够，因此需要在此区域进行调整。同样需要蒙版。

创建新的亮度 / 对比度调整图层，用黑色画笔对树木和屋顶进行涂抹，使其能够透出来。

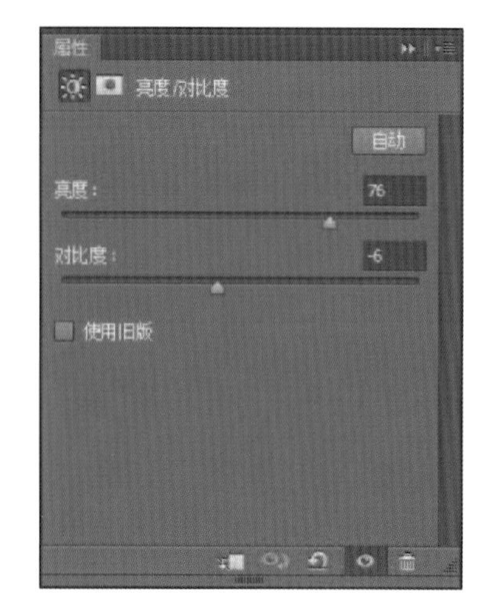

图 7 亮度 / 对比度参数

图 8 调整亮度 / 对比度效果

步骤六：新建“色相 / 饱和度”调整图层。

色相能够改变图片的整体颜色（图 16），如果只想改变其中一种颜色（图 17），比如红色，就选择红色改变，不会影响其他的颜色。饱和度能够让画面色彩比较鲜艳，如果调节到较高数值，图像会产生色彩过饱和，造成图像失真的效果。

图 9 色相 / 饱和度参数

图 10 调节色相 / 饱和度效果

步骤七：复制图层 拷贝1：，新建“曲线2”调整图层。

新建曲线2调整图层，用黑画笔给天空、房屋和树木加上蒙版，让曲线效果作用于河水，让河水更清亮一些，效果如下：

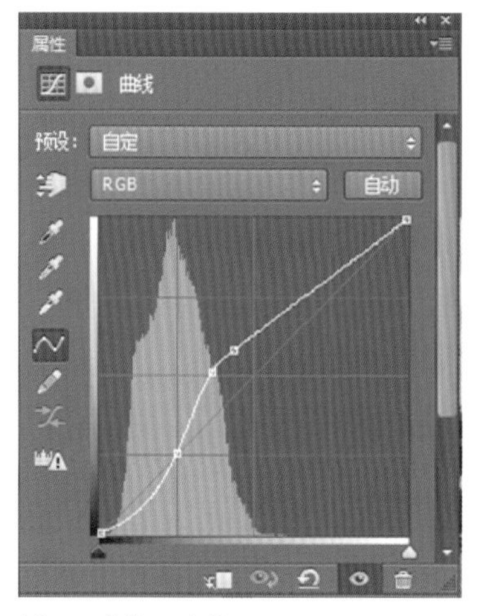

图11 曲线2参数

图12 调整曲线2效果

步骤八：新建“曲线3”调整图层。

给天空、河水和树木加上蒙版，让曲线3主要作用于房屋，让屋顶的颜色突出，色彩的层次感更加分明，效果如下：

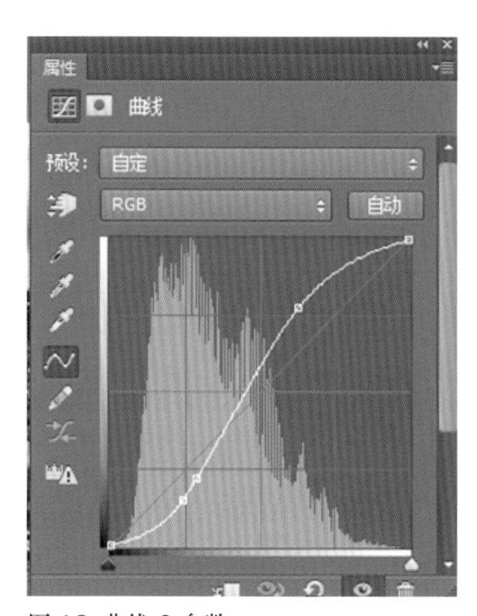

图13 曲线3参数

图14 调整曲线3效果

步骤九：新建“曲线 4”调衡图层。

给天空、河水和房屋都加上蒙版，将曲线 4 作用在树木，让树木的颜色亮起来，效果如下：

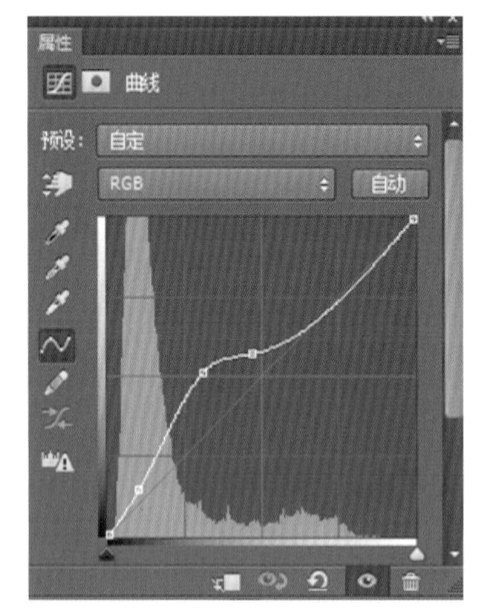

图 15 曲线 4 参数

图 16 调整曲线 4 效果

步骤十：在图像编辑窗口选择复制图层 2，选择滤镜 / 其他 / 高反差保留，模式：叠加。

高反差保留需要配合相应的混合模式的使用才有实际效果 。通过高反差保留，将图像中的线条轮廓显示出来，使得景物的视觉延伸感更为强烈。

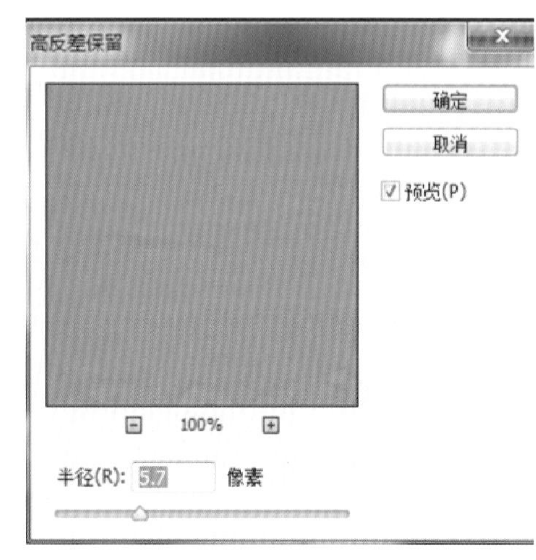

图 17 高反差保留设置

图 18 高反差保留效果

步骤十：裁剪、合成。

使用了裁剪对原图进行了二次构图，让主题更加突出。利用合成的手法加入了划船的人，让画面更具生动性。合成手法之后会有详细的说明（具体见 2.5 秋日私语）。

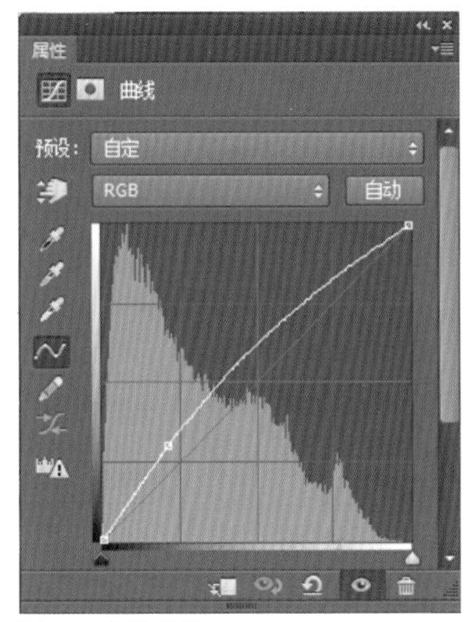

图 19 曲线参数

图 20 调整曲线效果

步骤十一：新建“曲线 5”调整图层。

通过曲线调整提升房子部分的亮度，在画面上直接提升红瓦的亮度。添加黑色蒙版，用白色画笔将房屋部分涂出。

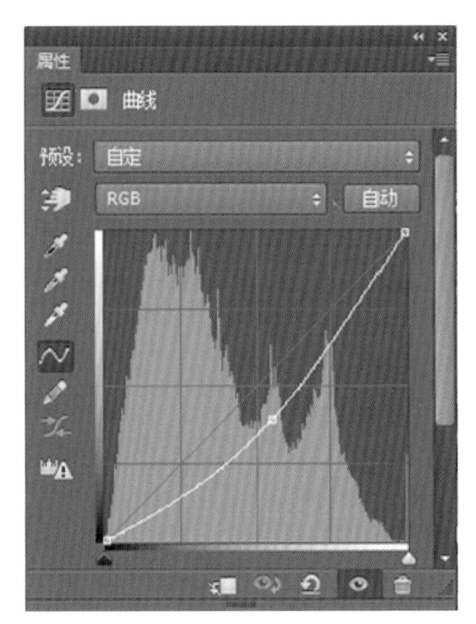

图 21 曲线参数

图 22 调整曲线效果

通过最终效果图，我们可以看到，经过一系列调整，美丽的童话世界已经展现在我们面前了。

图 23 原图

图 24 效果图

1.2 《晨 光》

2013 年 8 月 乌兰布统坝上

根据词典，“坝上”是一地理名词，特指由草原陡然升高而形成的地带，坝上因其水草丰茂、富饶美丽、冬夏分明、晨夕各异而成为摄影爱好者的天堂。

乌兰布统草原位于克什克腾旗最南端，距北京仅 300 多公里。与河北围场县的赛罕坝林场隔河相望。

参数设置：Canon EOS 6D F/11 1/250 ISO 100

1.2.1 选择《晨光》的理由

清晨日出时摄影人忙碌的身影，大自然云蒸霞蔚的壮丽场面使得整个画面层次感非常丰富。每每看到丘陵与平原交错，森林和草原结合，身在其中就常常会慨叹天地之苍茫，人类之渺小。

登高、望远才能腾云驾雾。照片中最能吸引注意力的云雾是在雾气未散，太阳初升时拍摄，F/11 的光圈较好地还原了云雾的质感和层次，同时又将摄影人的身影带入画面，前景的暗色调较好地平衡了云雾的浅色，又或者可以理解为云雾的颜色中和了前景的暗色和阳光的高亮，形成了丰富的层次。

另：拍摄此类场景时，曝光要适当增加 1~2 档才能较好地还原云雾的颜色。

1.2.2 《晨光》背后的故事

初见，我武断地以平时对某类人的职业印象来定义他，无非是平时端着，饭桌上爱笑、爱闹，只是你很难看出笑容背后本来的样子。

某天清晨 5:30，我偶然早起，看他的朋友圈有张特别的漂亮照片，满天朝霞似要冲破天际，让人忍不住想要跟随它们，去染红所有的丛林山水。羡慕嫉妒之余忍不住打探哪儿可以拍到，结果是：同一个城市，差不多位置。但是我并没有任何收获，也因此百思不得其解。他说："因为那天的朝霞就只持续了 5 分钟而已。"他还说早上 5 点他常去那个地方看看、拍拍，之后再去上班，运气不错就碰上了，可是，这真的是运气吗？

我知道喜欢玩摄影的人往往对清晨和黄昏有着异乎寻常的执念，所以早起并不稀奇。稀奇的是，在每一个地方，每一天都是如此。

网上有个流传颇广的关于科比·布莱恩特——21 世纪第一个 10 年内 NBA 最佳球员的故事：当记者问被视为天才的他的成功秘诀时，科比却反问："你知道洛杉矶凌晨 4 点的样子吗？我知道它每一天凌晨 4 点的样子。"

每一个清晨，城市刚刚苏醒，总有些人在清晨的第一缕阳光中收获不一样的天空，一如灰色中的那抹金黄。

9 月的阳光刚刚好，9 月的风景刚刚好，9 月他的收获刚刚好，又一次，他的作品在某项大赛中获得了金奖。对了，如果你看过他的朋友圈，你会发现，他最喜欢图文并茂，用深情的诗句或咏叹，或歌颂岁月的美好，每天都有……

1.2.3 如何用 Photoshop CC 完成《晨光》后期制作

步骤一：解锁图层，复制图层进行备份。

本节知识点：复制背景层备份

在 Photoshop CC 中，如果我们直接在背景上对图片进行修改，当出现问题时无法进行恢复，也不便修改，复制一个背景层副本便于修改，出现问题或者不满意时可以把这个副本删除重做。

当图层处于当前层时，按下快捷键 Ctrl+J，图层面板会多出一个副本图层，这就是复制的图片。也可以在图层面板将背景层按拖到底部倒数第二个按钮上后放手进行复制。

步骤二：新建“色阶”调整图层。

点击 打开色阶图层，将黑、白滑块移至山脚下，灰色滑块向右移一点，让影调变得柔和。

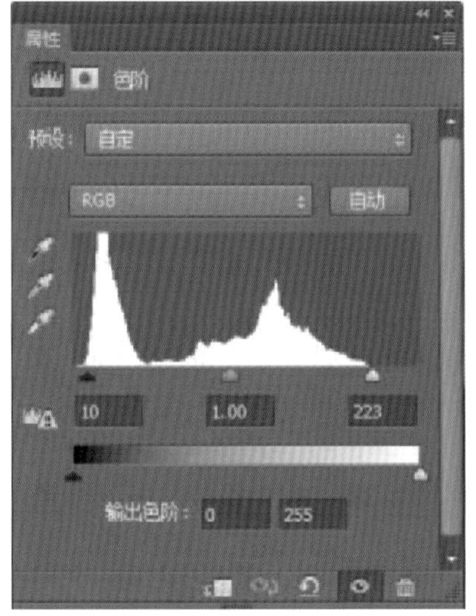

图 1 色阶参数图

图 2 调整色阶效果

步骤三：使用修复画笔工具去除多余的人物。

山头上的人物多，显得比较杂乱，同时按住“Ctrl+Alt+Shift+E”盖印图层，用“修复画笔工具”仔细去除多余人物。

图 3 修复画笔工具

图 4 修复后效果

步骤四：新建“曲线 1”调整图层。

添加曲线调整图层，手动提升云层亮部压暗中灰，加大了云层的反差，背景云层的层次和色彩都出来了。设置前景色为黑，用画笔仔细涂抹前景的山体，还原前景的山体。

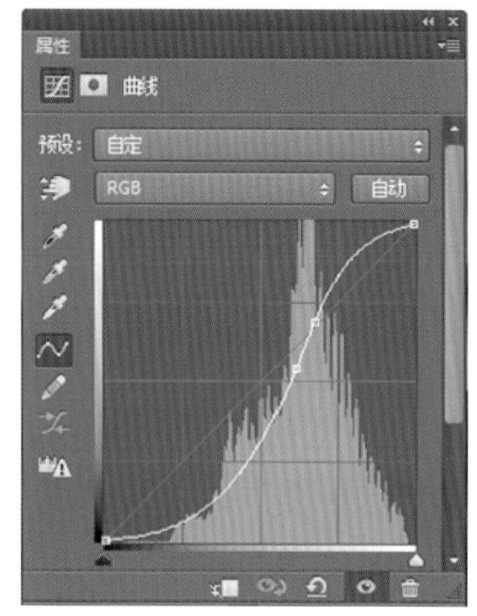

图 5 曲线参数

图 6 调整曲线效果

步骤五：新建“曲线 2”调整图层。

调整前景反差：按“Ctrl”同时点击上述蒙版，点击“选择”—“反选”，选区换成前景山体。添加曲线调整图层，手动提升草坪亮部压暗中灰，加大了草坪的反差，突出前景山体的视觉效果。

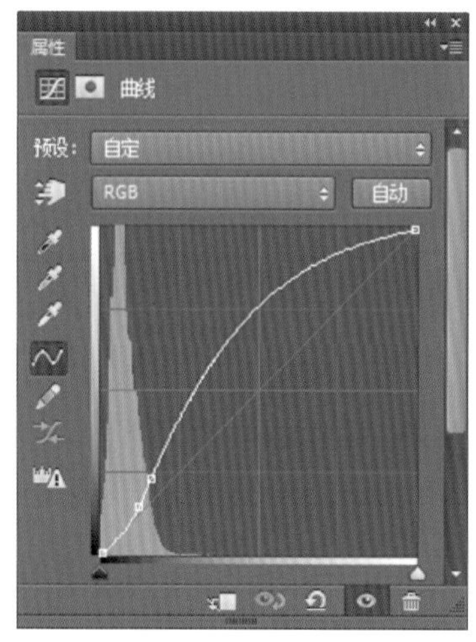

图 7 曲线参数

图 8 曲线调整效果

步骤六：新建“曲线3”调整图层。

画面整体偏暗，同时按住“Ctrl+Alt+Shift+E”盖印图层，添加曲线调整图层，提升中灰，提亮整个画面。

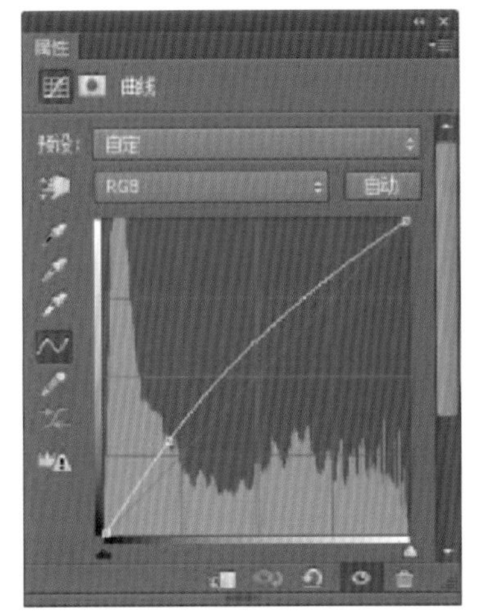

图9 曲线参数

图10 曲线调整效果

步骤七：使用修复画笔工具去除污点。

同时按住“Ctrl+Alt+Shift+E”盖印图层，用“修复画笔工具”去除远处云层和山体上的小污点。

图11 污点修复工具

图12 修复后效果

步骤八：使用高反差滤镜。

对前景山体草坪执行锐化。同时点击“Ctrl+J”拷贝图层，点击“滤镜”—“其他”—“高反差保留”，将“半径”设置为“4.8”后“确定”，整个画面被锐化了。添加“矢量蒙版”，将“前景色”设置为黑，点击“Alt+Delete”，将此图层蒙版覆盖为黑色，画面的锐化不见了。前景色设置为白色，用白画笔仔细将前景山体草坪和摄影人涂出，草坪和摄影人更清晰了。

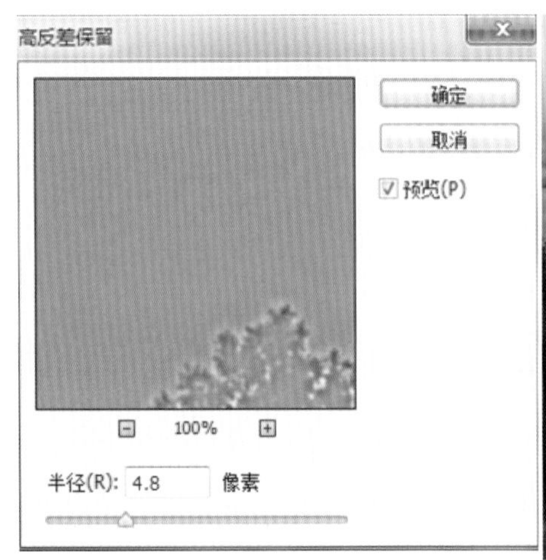

图 13 高反差保留参数

图 14 高反差保留效果

步骤九：新建“曲线”调整图层。

再次加强草坪的反差。点击添加曲线 5 调整图层，手动提升草坪亮部压暗中灰，让草坪更醒目。

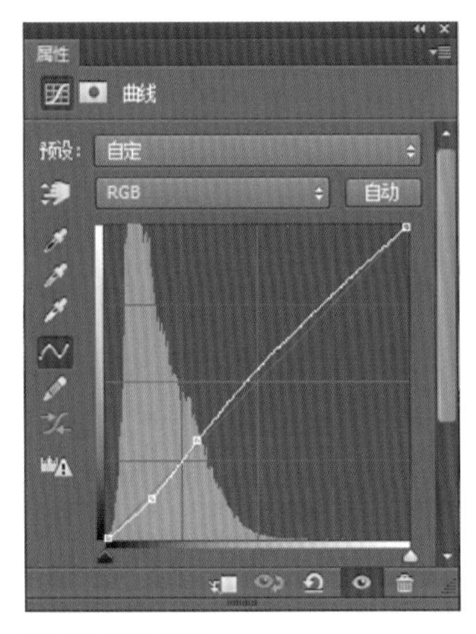

图 15 曲线参数

图 16 曲线调整效果

图 17 原片

图 18 效果图

1.3 纯 净

2015 年 8 月 奥地利 哈尔施塔特

哈尔施塔特是一个远离尘嚣、依山傍水的小镇，有温柔的阳光、静谧的湖水，是 Hallstatt 文化 (欧洲铁器文化) 发源地，一千多年来，这里以开采岩盐而著名 。

1.3.1 选择《纯净》的理由

蓝天白云一直是我很喜欢表现的元素，《纯净》中的蓝天白云如它的名字一般，干净没有杂质，鲜明的层次感打破了平面的界限。直插云霄的私人教堂，谁能想到里面竟然珍藏着描绘鲜花的头骨，只是为了那些不曾忘却的纪念。

参数设置：Canon EOS 6D F/6.3 1/160 ISO 100

照片中天空、云朵、水面、房屋的顶对比度很高，因此，在测光时，如果对测光不熟悉的话，可使用评价测光的模式来得到较为准确的曝光。

照片中为了体现建筑的立体感，选择了高位前测光，这种光线是指拍摄建筑的常用光线，能很好地表现建筑物的特征。

1.3.2 《纯净》背后的故事

人们都说如果没有去到哈尔施塔特 ，奥地利之行一定不完美。8 月里某个奥地利最炎热的周末，当时的我正在离哈尔施塔特十几公里的另一个美丽小镇巴德哥伊斯恩发愁，到底怎样才能省时省力地到达传说中美得像明信片一般的小镇。不知何时才能出现的公交车，难以预约的出租车，找不到出租点的自行车……都让人郁闷不已，即使是民宿美味的早餐也无法帮我给出一个答案。同楼层的西班牙老夫妇热情地跟餐厅的每一个人打招呼，我也不好意思不回应，看着对面餐椅上的亚洲面孔，也随口问了声好，他也用英文回我，随即又用磕磕巴巴的中文问我的旅程，在我如实相告后，他主动表示可以让我搭顺风车，因为他也是去哈尔施塔特避暑的。

他是我在东欧旅行中遇到众多热情好客的朋友之一。许是同为黄皮肤的缘故，此后一路上，他成为了我的免费向导。我们没有走大多数游客走的路线，而是爬上了海拔 3000 多米的壮美山峦，俯瞰清澈透底的高山湖泊 ，在美丽的小镇品尝美味的特色烤鱼；去奥匈帝国皇帝弗兰茨·约瑟夫一世与茜茜公主相遇的地方喝咖啡；听风吹过树叶的声音，看那些度假的德国人晒红的脸蛋。没有人在旅途的焦虑，只有静默感受的时光，这一段旅程于我，不是匆匆走过的旅行者，而是跟着电影、历史游览的寻梦者。

当他把我送到林茨的火车站，两人互道再见后，我才发现，我居然不知道他的名字，只知道，他是奥地利华裔。可是，名字重要吗？在一个纯净的地方，感受到一种极致纯净的美景，收获一段纯粹的旅行，难道不就是旅行最重要的意义吗？

1.3.3　如何用 Photoshop CC 完成《纯净》后期制作

步骤一：新建图层。

步骤二：用柔光模式为照片去雾。

在图层面板中复制一层，图层模式选择“柔光”或者“强光”，不仅能提亮整个画面，同时物体的边缘轮廓也更清晰了。“强光”模式画面轮廓更明显但照片稍显生硬，“柔光”则比较自然。

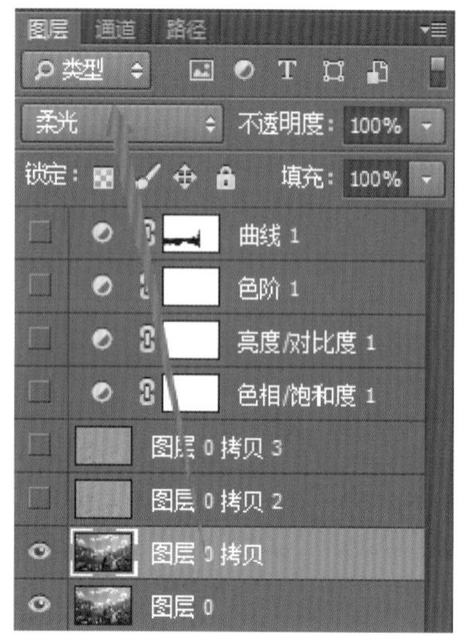

图 1　图层模式图

图 2　柔光模式效果图

步骤三：新建“色阶”调整图层。

照片中的白色过分高亮，细节有所损失，暗部细节则缺少亮度，偏黑，调整后山和水的效果细节也能看得清楚了。

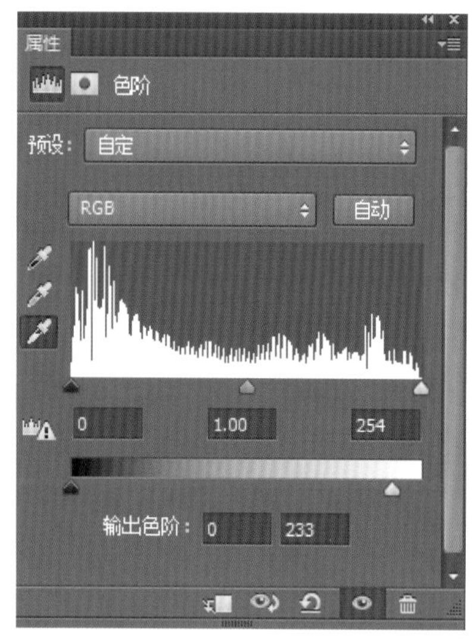

图 3　色阶参数

图 4　调整色阶效果

步骤四：新建“曲线”调整图层。

照片中蓝天和白云的像素过于集中在高光部分，缺乏对比，通过调节曲线，让白云仿佛是镶嵌在蓝天上，形成画面局部的层次感。

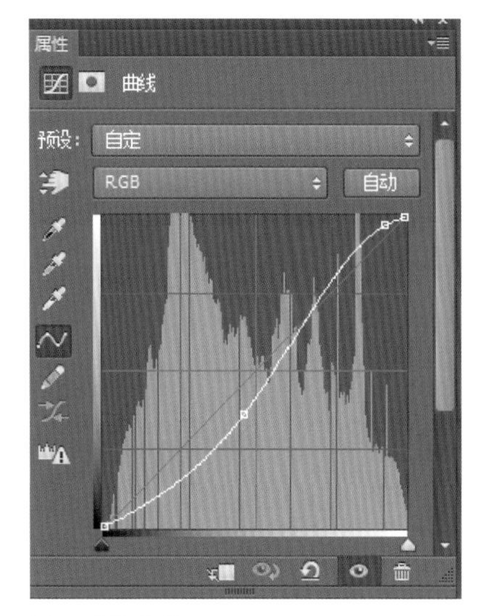

图 5 曲线参数

图 6 调整曲线效果

步骤五：新建“亮度 / 对比度”调整图层。

画面整体效果偏暗，通过“亮度 / 对比度”对其进行调整，增强画面的感染力，让图片呈现出最好的光照效果。

图 7 亮度 / 对比度参数

图 8 调整亮度 / 对比度效果

步骤六：新建“色相/饱和度”调整图层。

为了让照片看起来色彩更加明快，应适当增加蓝色部分的明度。

图 9 色相/饱和度参数

图 10 调整色相/饱和度效果

步骤七：对照片进行裁剪。

为了突出画面人骨教堂的尖顶效果，所以通过裁剪将尖顶放在画面黄金分割点上。

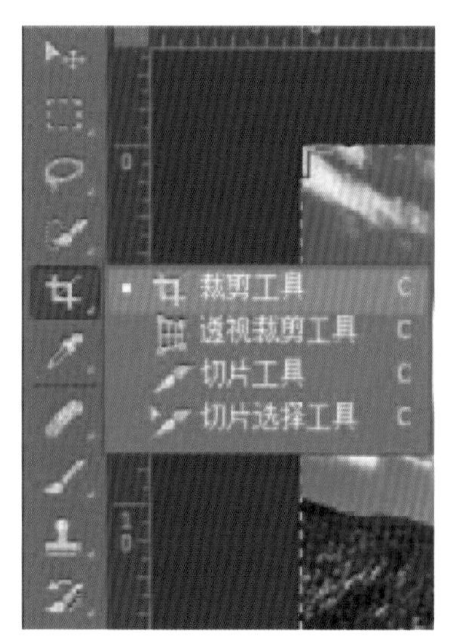

图 11 裁剪工具

图 12 裁剪后效果

步骤八：使用高反差滤镜。

前景房子执行锐化。同时点击“Ctrl+J”拷贝图层，点击“滤镜”—“其他”—“高反差保留”，将“半径”设置为“5.0”后“确定”，整个画面被锐化了，建筑物的轮廓得以被强化。

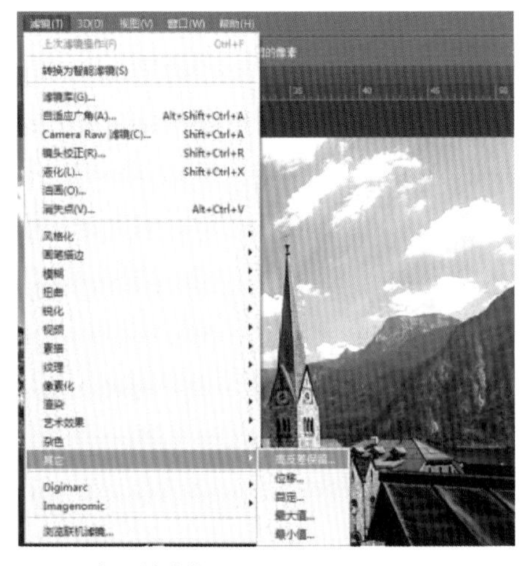

图 13 高反差滤镜

图 14 高反差保留效果

步骤九：拉直钟塔。

“Ctrl+J”拷贝图层，点击“编辑”—“变换”—“斜切”，将灯塔拉直。

图 15 拉直效果

本节知识点：拉直

拍摄中常会出现地平线、建筑物等出现倾斜的情况，我们可以通过Photoshop CC中对其进行拉直还原。最简单的方法是利用标尺工具在应该是水平位置的区域拖动绘制出一条水平线，然后单击属性栏中的“拉直图层”，就校正好了倾斜图像，也可以像图中点击编辑/变换/斜切”，将需要拉直部分拉直。

步骤十：新建“曲线”调整图层。

通过曲线调整图层，在曲线上直接拉低天空亮度。添加黑色蒙版，用白色画笔将右上角天空部分涂出，压低右上角亮度。

图16 曲线参数

图17 调整曲线效果

图 18 原图

图 19 效果图

1.4 此刻红阳可人心

2015 年 10 月 湖南长沙 松雅湖

1.4.1 选择《此刻红阳可人心》的理由

晚霞常常给人一种宁静的美，如诗如画，令人心旷神怡。色彩、线条还有水天一色的效果是选择该片的理由。

参数设置：Canon EOS 6D F/8 1/50 ISO 100

拍摄晚霞时，使用点测光对着太阳旁边的天空进行测光效果较好。

照片中逆光环境下，建筑物与云霞反差大，因此将其处理成为剪影，整体效果更具魅力。

1.4.2 《此刻红阳可人心》背后的故事

面对落霞，我们常常感慨“夕阳无限好，只是近黄昏”，然而，黄昏、落日、晚霞却有着自己独特的风情与美丽，一如人生。

我想把这个故事献给我的父亲。父亲 84 岁了，他的这个年纪，与“不能力役指事使人也、头发白耄耄然也”，皮肤变黑色如铁是画上等号的。可是父亲并没有这样，他的腰板依旧硬朗，能吃能睡，肩能扛手能提。平时上楼，在后面喘粗气的倒常常是我们。他最爱干的事情就是用他的电动小三轮带着老妈出门走亲戚。

10 月的某个深夜，姐姐突然打电话说父亲早上出去，现在还没有回来，手机也关了，很是担心。我也觉得非常奇怪，印象中，父亲是非常谨慎的人，我都这么大了，如果和他一起过马路，他都还会一路念叨“左右看车，前后注意，不能大意”之类的。平时出门，也是前叮咛万嘱咐，身份证一定要带好，遇到陌生人不要随意搭腔，晚上要在有亮光的地方走，到了任何一个地方，需要告知家里。当然，他自己也是身体力行，这样的父亲怎么会说不给消息就不给消息呢？马上打电话给母亲，没想到母亲大人却是气定神闲，说“没准他就是想出去玩玩咯”。几天后，父亲平安回来了，还笑称：“年纪大就是好，机票打 5 折，地铁、公交全免费，走到哪里都有人帮忙。”看着他眉飞色舞的样子，我和姐姐只能苦笑。

后来才知道，父亲去了北京，帮一个和他一样参加过抗美援朝的战友送申诉材料。父亲 1949 年参加革命，后被派往朝鲜战场，捡回一条命后转业到一家军工厂，退休后回到老家颐享天年，闲不住的他常常在外面跑，发现老家还有一些也参加过抗美援朝的老战士，回到家乡后生活困顿，有些人甚至连档案都找不到了，也因此无法享受相关的待遇，他常常帮他们去村里、乡里、省里讨说法，这次居然还跑到北京去了。

在我写下这些文字前，父亲给我来过电话，说有人去那位战友家去核实情况了，应该很快就会落实政策。父亲轻快的声调让我的心情变得莫名的轻松，虽然他一个人跑去北京让我真担心。

20 世纪 30 年代出生的父亲，经历了中国从黑暗到光明的变化，对于当下的中国以及执政党，有着高度的认同感。他常常说：“这是最好的时代，一切都越来越好，他要活到 120 岁，去充分感受这种好。”

愿耄耋皆得以寿终，恩泽广及草木昆虫。

1.4.3 如何用 Photoshop CC 完成《此刻红阳可人心》后期制作

步骤一：解锁图层，复制背景层。

养成良好的备份习惯很重要。

步骤二：新建“色阶”调整图层。

原片中夕阳的色彩还不够饱满，图片偏灰，天空亮度不够，需要通过调整图片的色阶来提亮暗部细节，红色部分也需要增加层次感，可以先调全图的色阶，再调整红色色阶。

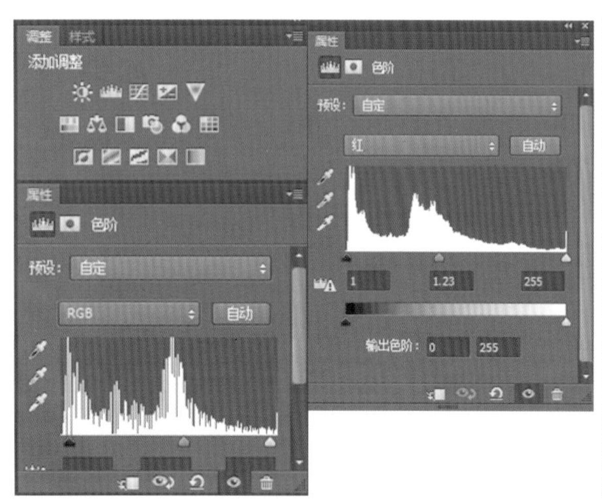

图 1 色阶参数

图 2 调整色阶效果

步骤三：新建“曲线”调整图层。

新建曲线调整图层，将曲线两端向中间拖曳，以楼房为中心点，将高光部分提亮，暗部往下压，整体调整画面的对比度。

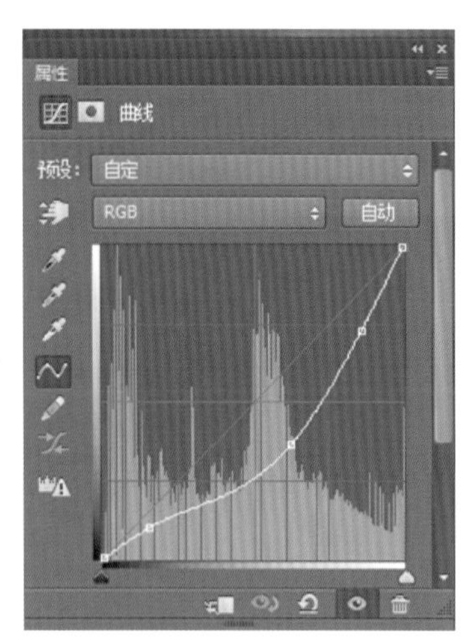

图 3 曲线参数

图 4 调整曲线参数

步骤四：新建“亮度与对比度”调整图层。

新建【亮度 / 对比度】调整图层，稍微提高亮度，对比度不变，让整体画面提亮。

图 5：亮度 / 对比度参数

图 6：调整亮度 / 对比度效果

步骤五：新建图层，利用套索工具调整局部明暗。

图片中，绿色的水草部分较暗，缺乏细节，可使用选择工具来对其进行局部调亮。

使用快速选择工具 (或套索工具)，选中水草区域，适当羽化。用多边形套索，在需要调整的水草局部选定，执行选择 / 修改 / 羽化。打开羽化选区，选取半径为 10 像素，进行羽化是为了防止调整后与周边不协调。执行图像 / 调整 / 曲线，锁定暗部，提亮高光，加强水面的光感，用蒙版擦除天空和房屋区域。调亮选区，确定，Ctrl+D 取消选区。

图 7：磁性套索工具

图 8：使用磁性套索工具效果

本节知识点：利用 *Photoshop CC* 中的套索工具对图片的局部明暗度进行调整

由于数码相机在处理图像时容差度不够，对景物的亮部曝光正确后，暗部则会曝光不足，产生色调的失真，因此需要对图像局部进行调整。我常采用“套索”工具选取部分图像对其进行明暗度进行调整。PhotoShopCC 提供了套索、多边形套索和磁性套索三种工具。

具体方法：选择磁性套索工具，用鼠标点击圈上需要修改的部分，载入选区，图像 / 调整 / 可使用曲线或者亮度 / 对比度对画面的明暗度进行调整。

图 9 原图

图 10 效果图

1.5 Dancing house

2015 年 8 月布拉格

捷克人称它为“跳舞的房子”，美国人叫它为 Ginger and Fred（一部美国的老电影）。它是知名建筑师 Frank Gehry 和克罗地亚籍 Vlado Milunic 于 1995 年共同完成的作品。

1.5.1 选择 *Dancing house* 的理由

午夜的布拉格，夜色迷人，沃尔塔瓦河畔充满曲线韵律的房子造型，宛若两个人相拥而舞，因此被称为“跳舞的房子”。

光影、线条及建筑物本身的造型都无法让人将目光从中移开。

拍摄夜景一定要使用三角架，1/6.7 的快门速度让照片中的光线形成了流动的光带，与跳舞的房子的固定光线一动一静，相印成趣。

大光圈和低 ISO 的组合能够确保建筑物的清晰度。

当然，手动白平衡也非常重要可使用“钨丝灯”模式。

参数设置：Canon EOS 6D F/6.3 1/6.7 ISO 100

1.5.2 *Dancing house* 背后的故事

夜幕低垂，灯影暧昧，道不尽恋恋风情。

游走在布拉格，最爱的就是风景，每个人，每件事，都是偶遇的风景。

那日，在布拉格广场旁的一家音乐餐厅，饥肠辘辘的我正对着一盘牛排大朵快颐，突然传来了手风琴声，抬头一看，原来是餐厅的乐手登场了。

白发苍苍的他着粉色衬衣。绅士帽下那张沟壑纵横的脸在灯光下挂着迷人的微笑。

欢快的琴声，居然让我手中的刀叉也开始有了想要舞动的欲望。想来乐手演奏的应该是捷克有名的波尔卡 (Polka) 乐曲吧。

有几对年轻人开始围在在乐手旁边，合着节奏摇头晃脑，帅气的调酒师开始玩起了花样，甜点的香味混合着酒精的气味在空气中氤氲，侍者们的脚步仿佛更加轻盈了。

一曲终了，浪漫的钢琴声响起，以我对钢琴不多的了解，应该是巴赫的《爱的协奏曲》。灯光暗下来，手风琴乐手挽着他的女伴走入舞池，和他同样白发的Soul Mate，伴随着流畅而出的如泉涌般旋律转身，回眸，轻笑，拥吻。

爱人之间的温暖和缠绵在空气中发酵。

那一刻，整个布拉格就在你面前闪耀起来，

浪漫之都布拉格，一种深入骨髓的风情，

让人沉醉留恋。

1.5.3 如何用 Photoshop CC 完成 *Dancing house* 后期制作

步骤一：解锁图层，复制图层备份。

步骤二：新建“色阶”调整图层。

因为是夜景拍摄，图片的清晰度不够，通过调整色阶来让照片更加清晰，增加“阴影”和“高光”的对比度。

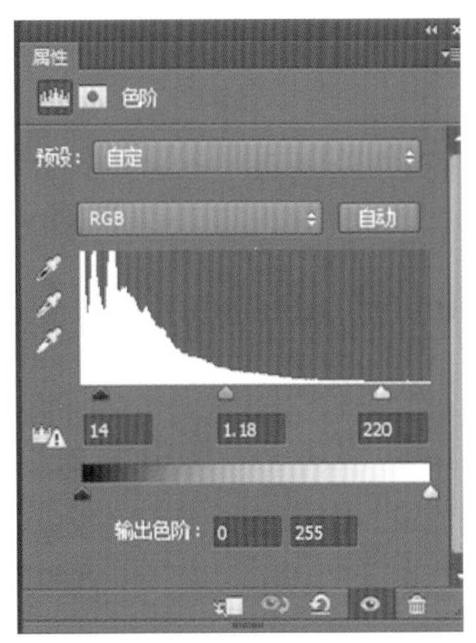

图 1 色阶参数

图 2 调整色阶效果

步骤三：新建“曲线”调整图层。

通过曲线调整建筑物的亮度，增加暗部的细节，通过曲线调整窗户、窗框、灯光之间的对比度。

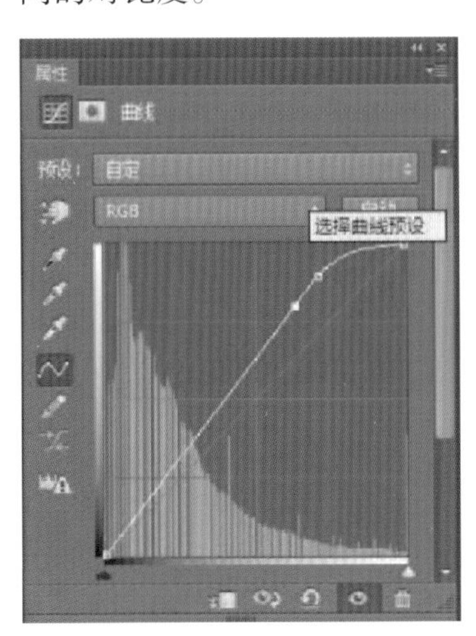

图 3 曲线参数

图 4 调整曲线效果

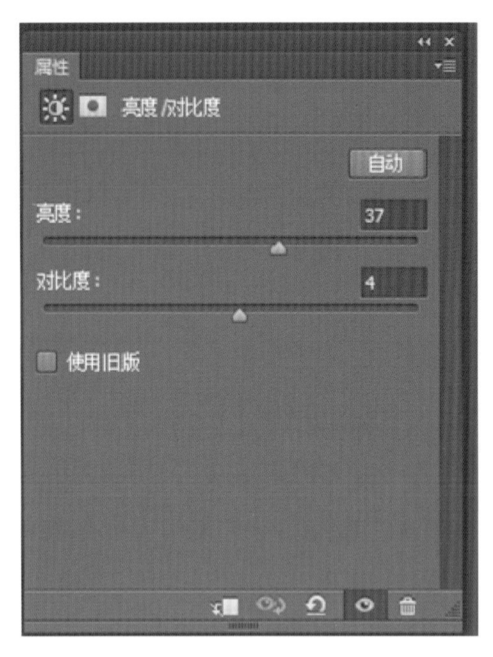

图 5 亮度 / 对比度参数

图 6 调整亮度 / 对比度效果

本节知识点：使用仿制图章工具去除图片中不需要的内容

通常去除图片中不需要的东西有很多种方法，最常用到的是仿制图章工具。仿制图章工具是 Photoshop CC 用来复制取样的工具。它能够按涂抹的范围复制全部或者部分到一个新的图像中。使用仿制图章工具时需要按住 Alt 键。

步骤五：使用仿制图章工具。

图片中位于前景的电线杆，如果被去除，能够让画面看起来更加干净。图片中需要分别复制取样马路、人行道、窗户和建筑部分，这样电线杆才能被遮盖住。按住 Alt 键，分别选取马路、人行道、窗户和建筑，在这些部分相似的位置点击，这样就复制到了点击的位置，再放开 Alt 键，在需要修复的部位涂抹就可以实现把刚才点击的马路、人行道、窗户和建筑复制到相应的位置，这样就能去除电线杆了。复制取样时需要注意线条、角度和复制部分的契合度。

图 7 未修复图片

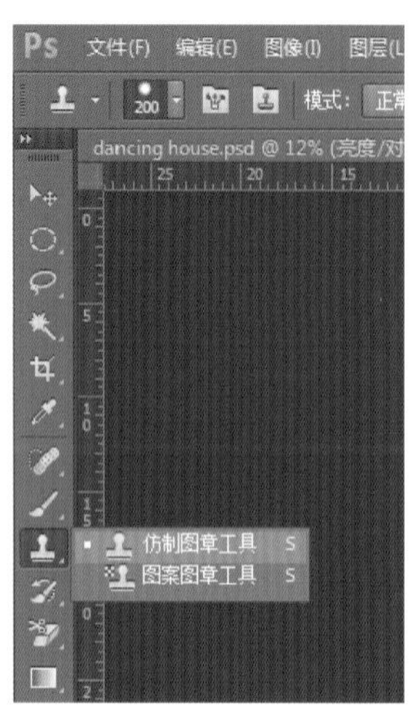

图 8 仿制图章工具

图 9 修复后效果

步骤七　使用高反差保留（混合模式：强光）

使用高反差保留来来强化建筑物的轮廓，半径设置为 5.0 时效果较好，图层模式，强光。

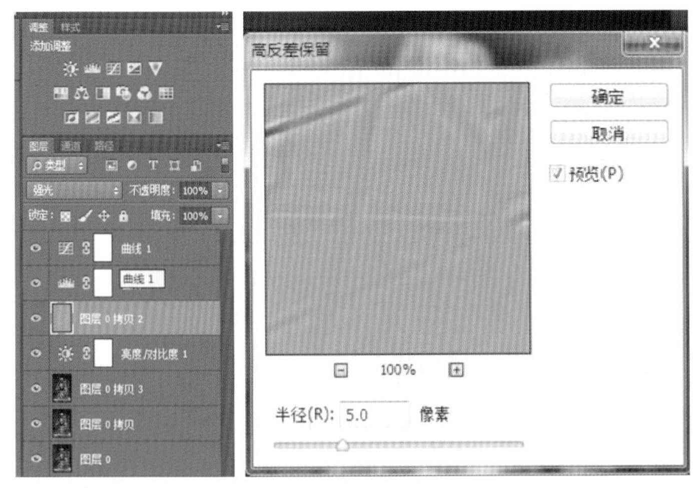

图 10 高反差保留参数

图 11 高反差保留效果

图 12 原图

图 13 效果图

1.6 天空之城

2015 年 10 月 湖南长沙 松雅湖

松雅湖被称做长沙“西湖”，是一个以湖光山色、自然生态美景为基础，集休闲、旅游、娱乐、健身、水上活动于一体的综合性公园。

参数设置：Canon EOS 6D F/8 1/200 ISO 100

1.6.1 选择《天空之城》的理由

简洁的线条，栏杆的连线与水面形成垂直，美丽的云朵倒映在湖面。情感的律动借助水色流淌，水彩般的效果带来朦胧诗意的情境，天水一色宛若幻境。

建筑与倒影形成对称式的构图，对称式构图因其平衡和稳定的特征能让画面呈现出静谧的感觉。

水面常有反光，为了防止镜头眩光，加上偏振镜可以消除水面白色反光，如果使用偏振镜，曝光建议加 1~2 档。

1.6.2 《天空之城》背后的故事

宫崎骏曾说，《天空之城》的创作背景是为了制作一部少年英雄为梦想不断拼搏的冒险故事。在他的电影中，天空之城是个很美的城市，美得让人以为是幻象，可我却总觉得，每个人就是自己的城，当你不断努力、放弃懒惰，当你善良，善待身边的每一个人，你的城就是天空之城。

我对他的印象源于他自导自演的一部短片《夕阳的回忆》，一个弱智少年，一个知道自己时日无多的父亲，一次次重复训练，只是为了儿子未来的生活能够自理。那一年，影片《海洋天堂》大获好评，很多人都说有模仿的嫌疑。我不以为然，所有的超越都源于模仿，尤其是短片结尾部分，因为记得父亲说过“每收集一个矿泉水瓶子，就能满足一个愿望”。所以儿子用矿泉水瓶子做成了一个人偶，穿上父亲平时穿的环卫工作服，在路灯下，恍若再一次父亲坐在儿子的自行车后，幸福而又满足。虽然只是一个大一学生的作品，可我清晰地记得，当时的我，眼泪还是不争气地掉下来。

短片中的他，一脸傻气的天真，以至于我在很久以后，还对这个印象挥之不去。总以为那就是真实的他。

大二的时候，他被工作室的成员一致推选为新的制片人。当时的我是有点怀疑的，他很努力，是不错，可是什么时候他有这么好的人缘了呢，后来才知道，不管是对大三的学长学姐，还以大一的学弟学妹，只要开口，他总是尽力去帮助。工作室平时无论是正事、杂事他都会去干，再加上性格好，所以人缘也就格外好。

大三的时候，一般情况下，很多工作室成员会因为各种各样的理由离开工作室，可是他没有，依然乐呵呵地和大家一起拍片、做事。

大四的时候，他是高龄学长，毕业了还时不时出现在工作室，只好“被”大四了。这时候的他已经和几个小伙伴自主创业了，带着一帮子人活跃在电视行业，为各大主流媒体平台提供制作服务。

他说：影视行业是一个心细到骨子里的活，既然选择了，就力臻完美，永不言弃。

如果影视是他的城，那他这种傻气又天真的努力想必会成就一座天空之城吧。祝福所有坚持梦想的年轻人。

1.6.3 如何用 Photoshop CC 完成《天空之城》后期制作

《天空之城》因为画面线条简洁，色彩鲜明，在后期中做成了水彩效果的风景画

步骤一：在 PS 中打开需要处理的照片，复制图层备份（略）。

步骤二：新建“色阶”调整图层。

调整色阶时以调整全图为主，如单独选择红色或蓝色，会导致云彩和倒影呈现品色，色彩会失真，暗部的细节需要通过曲线来单独调整。

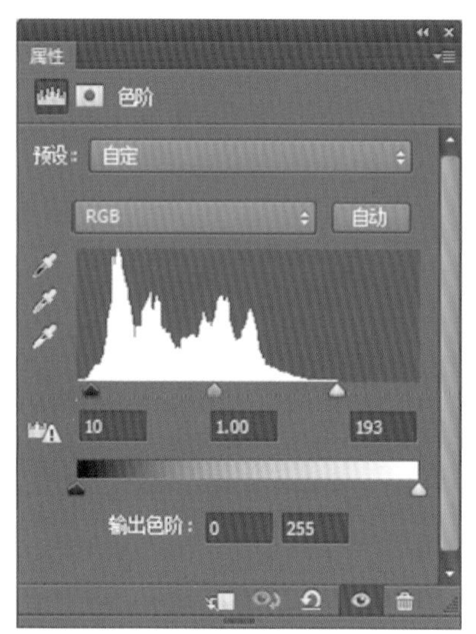

图 1 色阶参数

图 2 调整色阶效果

步骤三：新建“曲线 1”调整图层。

通过曲线来调整蓝天和云层、云霞的层次感，调整后会发现底部湖面的倒影变得非常暗，同样丢失了细节，因此需要通过蒙版遮住底部，让曲线只作用于天空。

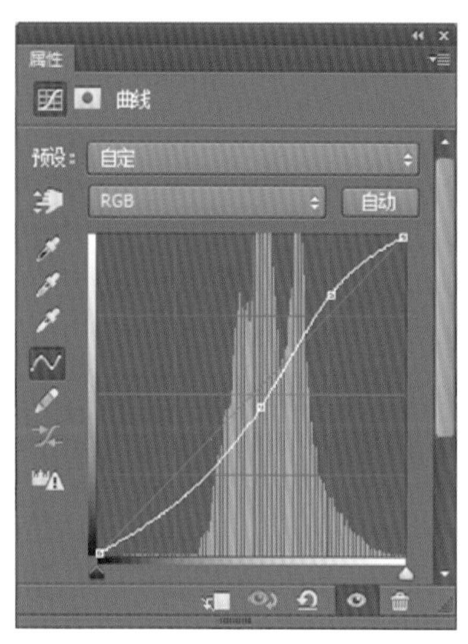

图 3 曲线 1 参数

图 4 调整曲线 1 效果

步骤四：新建“可选颜色”调整图层。

通过“可选颜色”对照片进行微调，选择红色，适当调低黑色、青色，调高黄色和洋红，让照片的色彩细节层次感更为丰富。

图 5 选取颜色参数

图 6 已选取颜色

步骤五：新建“色相和饱和度”调整图层。

新建“色相和饱和度”调整图层的目的是为了让晚霞的颜色更加浓郁。

图 7 色相和饱和度参数

图 8 色相和饱和度调整效果

步骤六：新建图层 2，使用滤镜。

对图像进行锐化处理，让房屋和栏杆的线条轮廓更为突出。步骤：滤镜 / 锐化 /USM 锐化，从滤镜下拉菜单的锐化项里选择 USM 锐化，数量选择 45，半径选择 0.3，这个数据根据图片实际情况进行调整，数值过大，照片会“毁”掉的。

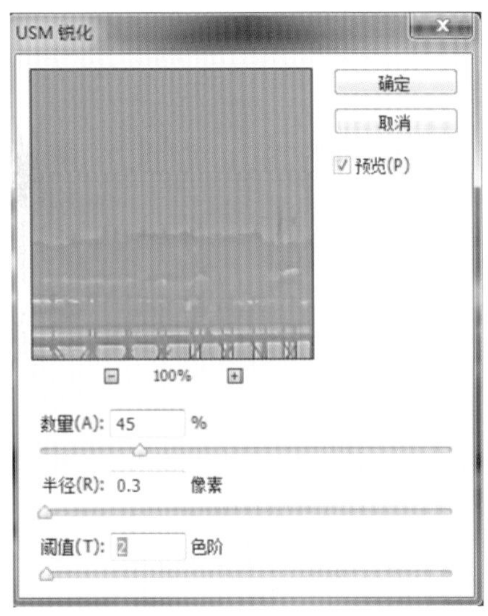

图 9 USM 锐化参数

图 10 USM 锐化效果

步骤七：新建“亮度和对比度”调整图层。

图层 2 湖面的倒影太暗，缺少生动的细节，因此在保持天空的效果不变的情况下调整湖面的亮度和对比度，使用蒙版，用黑色画笔工具将天空透出来。

图 11 亮度和对比度参数

图 12 调整亮度和对比度效果

步骤八：制作水彩画的效果

1、滤镜 / 模糊 / 特殊模糊；2、滤镜 / 艺术效果 / 水彩；3、执行图像 / 调整 / 亮度对比度；4、滤镜 / 纹理 / 纹理化。

本节知识点：水彩画效果

水彩画是始于欧洲的古老的画种，具有轻快、优雅、色彩绚丽等特色写实中带有写意的特点。

Photoshop CC 中水彩画效果可通过滤镜 / 艺术效果 / 水彩来完成。

图 13 原图

图 14 最终效果图

1.7 画 山

2015 年 9 月

广西 桂林 相公山

参数设置：Canon EOS 6D F/6.3 1/200 ISO 100

1.7.1 选择《画山》的理由

云雾缭绕的相公山、天空中鱼鳞般的云朵，让整个画面满满当当，仿佛自然之美随时会溢出来，美得不像是真实的场景。

尚未被过度开发的风景总有些原始的味道，也正因如此，拍出来的照片才会有丰富的层次和线条。

当没有前景拍摄远处的风景时，景深不需要太大，因此，可以考虑使用大一点的光圈，《画山》用的 F/6.3 的光圈，主要是为了减少早晨因鱼鳞云、雾等带来的光的衍射。

一般情况下，用小光圈拍摄风景，能够获得较大的景深和较好的色彩饱和度。

1.7.2 《画山》背后的故事

自从冶炼厂建成后，村子里的一切都发生了变化，树叶上有了不属于它们的香味，水也不那么清凉了，空气中弥漫着刺鼻的味道，下雨的时候，整个村子都淹没在黄色的废气中，只剩下零星的轮廓。

她孤独地坐在小板凳上，反反复复对着我们强调："补偿款这么少，叫我们怎么活下去？"

她在这个地方已经生活了69个年头，儿时的乐园早已被周边的工厂包围，20多年前，老伴死于肺癌，偌大的家就靠她一个人撑着，一个女人家，自己不坚强谁又能替她坚强呢?

这么多年了，她也习惯了，尤其是在冶炼厂发现问题后，她仿佛就成了村里的代言人，上访、静坐 接受记者的采访，从来都是她走在前面。

慢慢地，村子里的人越来越少，能想到办法的，都搬了出去，懦弱的儿子也曾想过全家搬走，可她一句话，终究还是没有走成。"补偿款这么少，叫我们怎么活下去？"

其实，她每月有1000多社保金，儿子打打零工，养活全家也不成问题，问题是，离开村里，到一个陌生的地方，她能干什么呢? 儿子自从成家后就分开单过，女儿早嫁去远方，不是节假日也难得见到，更多的时候她是和村里剩下的人一起过，一起为了更多的赔偿款向不同的人，不同的媒体哭诉。慢慢地，这仿佛已经成了她的职业。

从前的日子，雨珠被绿叶吸收，冰雪被温暖融化了，从前的我们，快乐伴随着简单，一如木心的《从前慢》："记得早先少年时，大家诚诚恳恳，说一句是一句。清早上火车站，长街黑暗无行人，卖豆浆的小店冒着热气。从前的日色变得慢，车、马、邮件都慢，一生只够爱一个人。从前的锁也好看，钥匙精美有样子，你锁了，人家就懂。"

从前的风景很美，从前的你也很美。

1.7.3 如何用 Photoshop CC 完成《画山》后期制作

步骤一：解锁图层，复制图层。

步骤二：新建“色阶”调整图层。

原片中天空的亮部色彩非常接近，呈现出灰白色的状态，尤其是云朵，缺少细节，通过调整色阶使其形成层次感。

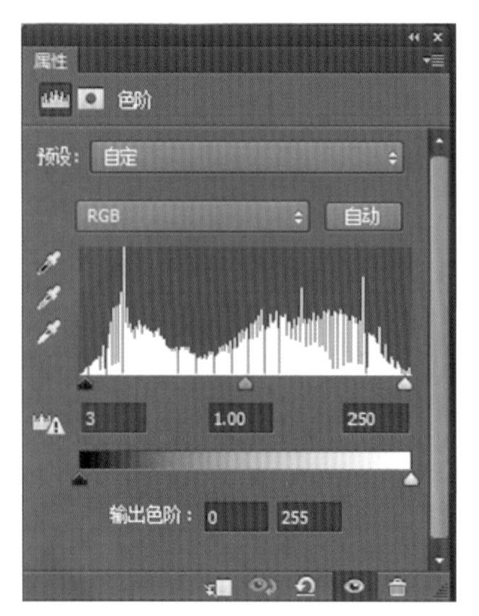

图 1 色阶参数

图 2 调整色阶效果

步骤三：新建“曲线 1”调整图层。

通过曲线调节蓝色与白色，让云彩的层次感更加明显。曲线 1 主要作用于天空，因此需要使用蒙版，用黑色画笔使下面的山、河流和雾能够透出来。

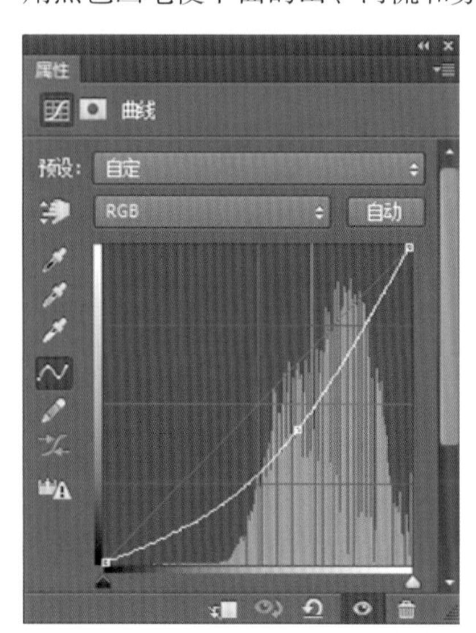

图 3 曲线 1 参数

图 4 调整曲线 1 效果

图 5 可选颜色参数

图 6 调整可选颜色效果

步骤四：新建“亮度 / 对比度”调整图层。

适当调节天空的亮度与对比度，需要使用蒙版，让调整主要作用于天空，山、雾和河流则用黑色画笔涂抹，以便使其能够透出来。

图 7 亮度 / 对比度参数

图 8 调整 亮度 / 对比度效果

步骤五：新建“曲线”调整图层。

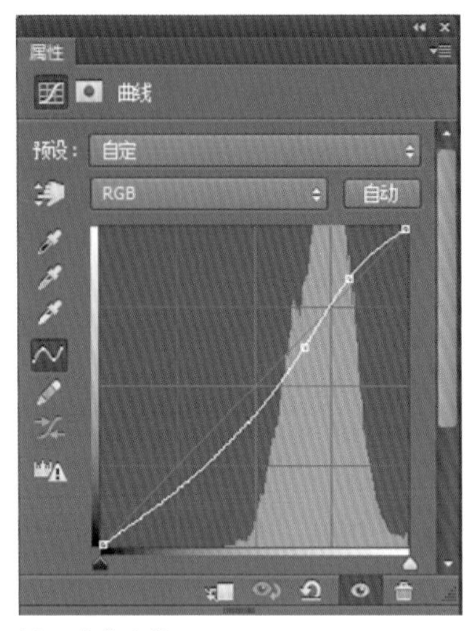

图 9 曲线参数

图 10 调整曲线效果

步骤六：使用高反差保留。

新建图层，对其使用滤镜高反差保留，强化山脉、河流的轮廓，使用蒙版，用黑画笔涂抹保留云朵和白雾的效果，或者用白画笔仔细描绘轮廓。

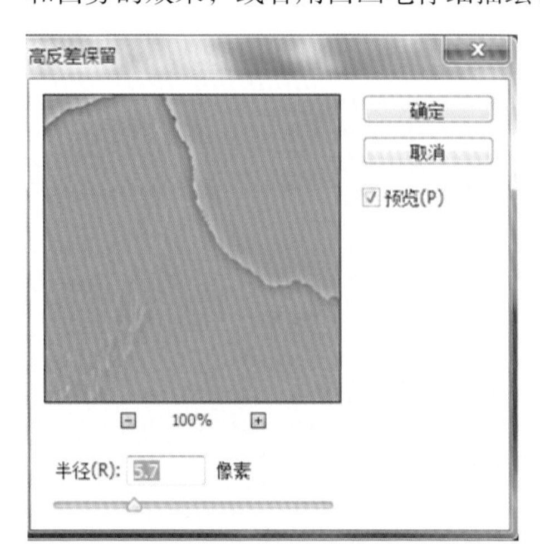

图 11 高反差保留参数

图 12 高反差保留效果

本节知识点：高反差保留滤镜

高反差保留能够进一步提高图像清晰度，其作用主要是将图像中颜色、明暗反差较大两部分的交界处保留下来，大面积无明显明暗变化的地方则生成中灰色。高反差保留需要配合混合模式的使用才有实际效果。一般高反差保留的参数不宜过大。

高反差保留应用非常广泛，除提高图像的清晰度外，强化主体的轮廓，或者配合高斯模糊与蒙版做修复暗斑、毛孔粗大以及明显的皮肤细纹问题等效果也非常明显。

滤镜 / 其他 / 高反差保留。

图 13 原图

图 14 效果图

1.8 燃情岁月

2014 年 1 月 柬埔寨 暹粒 湄公河

暹粒是柬埔寨暹粒省的省府，位于金边市北方约 311 公里处，与喧嚣的金边相比，这里显得安静而安全。令世界各地的旅行者对这座不起眼的小城趋之若鹜的是被列为世界七大奇迹之一的吴哥窟。

参数设置：Canon EOS 6D F/9 1/1600 ISO 200

1.8.1 选择《燃情岁月》的理由

这是一张坐在车上抢拍的照片，当太阳投射到湖面时，湖面的雾气因为丁达尔效应形成了漂亮的光线，营造了一整片的壮阔画面，巧合的是，当时正好有一个年轻人站在湖边，自然地形成了剪影。

因为是坐在行驶的车上拍摄，所以使用了速度优先模式，高速连拍抢到了这张照片。

丁达尔效应其实就是光的衍射现象，拍摄时一定要注意掌握时机，通常早晨日光透过雾气，或者午后日出容易产生，可恃机而拍。二要掌握好曝光，测光时对着画面高亮处进行点测光来获得较为正确的曝光值。

1.8.2 《燃情岁月》背后的故事

她来约我们看她的舞蹈展示会，小伙伴们有些吃惊，才学了 3 个月就要展示？

说是展示会，其实就是在基本每个中国城市都有的工人文化宫舞厅。那天的她，身着黑色的小礼服，看起来比平时瘦了很多。当音乐响起，她和她的舞伴随音乐的节拍前进、后退，整个跳舞过程中，她始终保持着抬头、挺胸、收腹的姿态。优美的舞步让我们都忘了她已经 60 岁了，一个劲的让她再来一个，直到她大汗淋漓地跳满了全场。

她生在农村，又是家里的老大。在她们的那个年代，除了拼命读书改变命运，她也想不到其他更好的方法，虽然她的梦想是成为舞台上那颗最亮的星星。

参加工作后，事业与家庭占据了她太多的时间，直到她终于退休，不用再被科研、教学、管理这些繁杂的事务困扰，那些浸淫在血液里的艺术因子开始喷薄而出。

她喜欢上了摄影，报了专门的培训班。无数次在清晨和黄昏，我看到她背着相机在我们所在的城市里游走，无数次我听说她去到世界各地，只为了拍下她想看到的美景。

她喜欢上了舞蹈，请了专业的教练，因为练习太刻苦，3 个月瘦了 20 斤。她喜欢上了声乐，正儿八经地上声乐课，没事就练习胸腔共鸣。

她像是个饥渴的孩子，拼命吸收来自艺术的营养。

她说："退休后更忙碌了。"

我们说："退休后的她更美丽了。"

如果说小时候，因为一些特定的原因，她与自己最美的梦想擦肩而过，那么现在，这些美好的梦想因为她的努力而实现了。

在这个世界上，总有人能够听到自己内心的声音，这声音不会因为时间的流逝而消失。因为，生命只为内心的自我才能尽情燃烧。

1.8.3 如何用 Photoshop CC 完成《燃情岁月》后期制作

步骤一：复制图层 1。

步骤二： 新建“色彩平衡”调整图层。

原图色彩较平淡且饱和度不足，要想让画面更具有冲击力，可以通过色彩平衡进行调整，选择高光，增加红色，使得图片偏向暖色调，调整后的效果如右边所示，效果相对于原片就加强了。

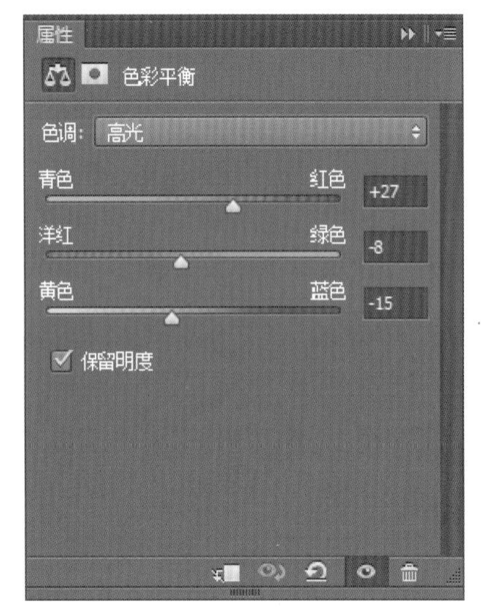

图 1 色彩平衡参数

图 2 调整色彩平衡效果

步骤三：新建“色阶”调整图层。

通过调整色阶，让画面高光和白色部分细节更明显。

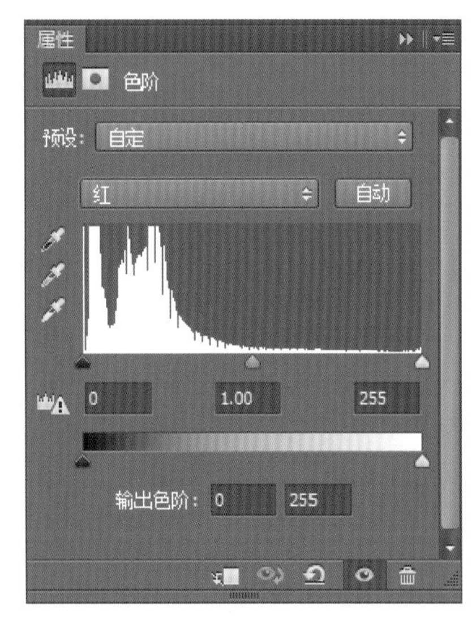

图 3 色阶参数

图 4 调整色阶效果

步骤四：新建“曲线 1”调整图层。

通过曲线 1 调整高光和阴影的对比，让天空中光线和云彩的层次更为丰富。使用蒙版效果，通过黑色画笔仔细将地面和树木涂抹出来，让曲线效果主要作用于天空，光线和云彩。

本节知识点：曲线

在 Photoshop CC 中，曲线的用途是调整图像的明亮程度以及 RGB 各颜色通道的浓度，是用来调色的强大工具，常用来纠正画面亮部和暗部细节缺乏的照片，提升画面的明暗层次，形成画面的空间距离等。曲线可以直接在右边面板上点击创建，也可以用 Ctrl+M 组合键弹出。右上角代表高光，左下角为暗调。可用鼠标直接拖曳调整。

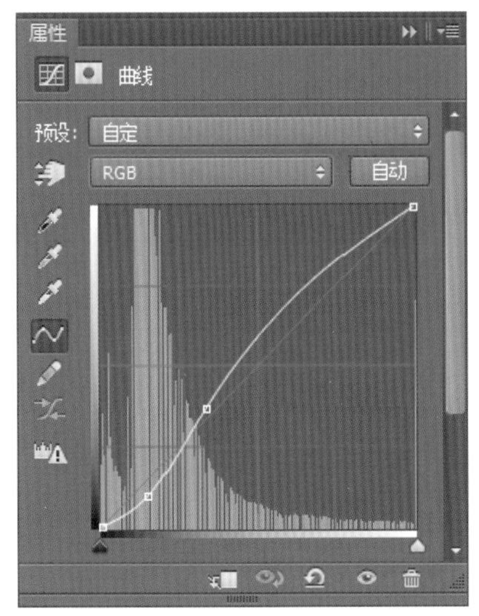

图 5 曲线 1 参数

图 6 调整 曲线 1 效果

步骤五：新建“曲线 2”调整图层。

给图片上下两端较暗的部分打上蒙版，曲线 2 主要作用照片光线中间较亮的部分

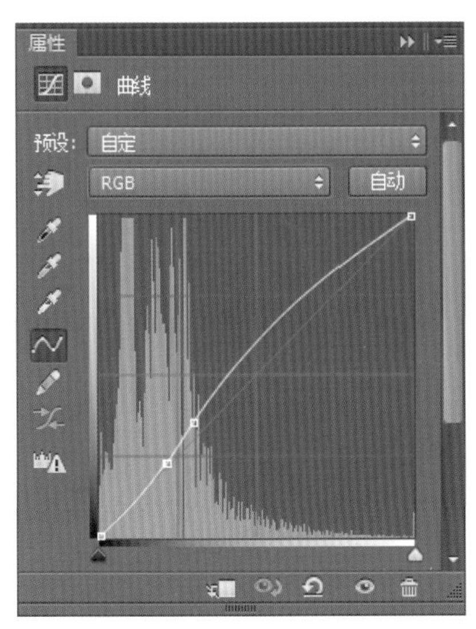

图 7 曲线 2 参数

图 8 曲线 2 参数

步骤六：新建“色阶”调整图层。

再次调整色阶（注意红、绿、蓝的色阶值），给图层天空加上蒙版，色阶效果作用于树木和地面。

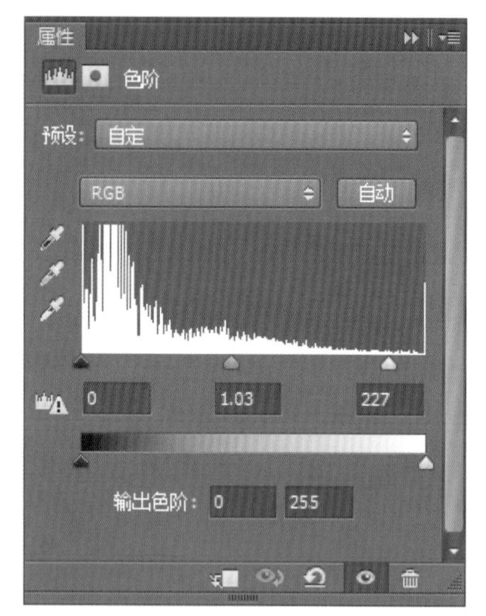

图 9 色阶参数

图 10 调整色阶效果

图 13 原图

图 14 效果图

1.9 汪洋中的一条船

2014年7月 广东阳江海陵岛

海陵岛位于广东省的阳江市，曾连续3年被“中国国家地理”杂志社评为“中国十大最美海岛”之一。

参数设置：Canon EOS 6D F/5 1/800 ISO 100

1.9.1：选择《汪洋中一条船》的理由

云在天上，一如一铺轻柔的棉絮。

船在水里，一如一榻绵软的床。

层次 + 线条 + 色彩 + 意境 = 汪洋中的一条船，一个放松心情，找寻自我的空间。

海天相接，视野开阔。拍摄海上风景时，记得旋转偏振镜来压天空，突出云朵的洁白，减少海水的反光以此来增加画面的视觉冲击力。

1.9.2.《汪洋中的一条船》背后的故事

海陵岛的蔚蓝，是一种梦幻般的浪漫，是一种无由来的欢喜，
当地人说，明代最伟大的戏曲家——汤显祖也曾为之着迷。

飘在船上，面对这无边的蔚蓝，忍不住想和某位女子分享：
多年前的她在这片海上，黯淡了眼神，哽咽了喉咙。
如今的她，生活早已步入平淡，
柴米油盐和鸡毛蒜皮引发的争吵演变成无法包容的彼此。
偶尔还会回想，“情不知所起，为何一往而深”。
常常也会感叹：“如果当初不在一起，会不会结局有所不同。”

所谓“生者可以死，死可以生”的爱情固然值得歌颂，
然平淡流年中的岁月安好，亦是美满。
所以，就请放下生活的琐碎，
偶尔停下来。

一如这蓝天下的小船，
就这样静静地感受天空的静谧，
听听海水对白云的呢喃，
何尝不是一种天大的幸福。

1.9.3 如何用 Photoshop CC 完成《汪洋中的一条船》后期制作

步骤一：解锁图层，复制图层备份。

步骤二：新建“色阶”调整图层。

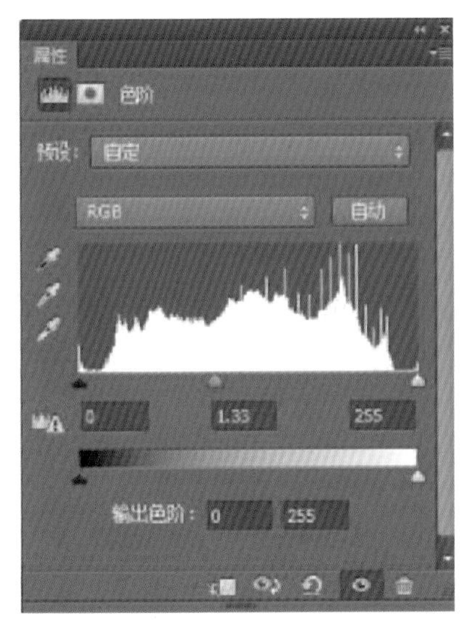

图 1 色阶参数

图 2 调整色阶效果

步骤三：调整复制图层的曲线 1。

曲线 1 主要是为了调整蓝天白云的层次和对比度，使用蒙版，用黑色画笔将海面透出。

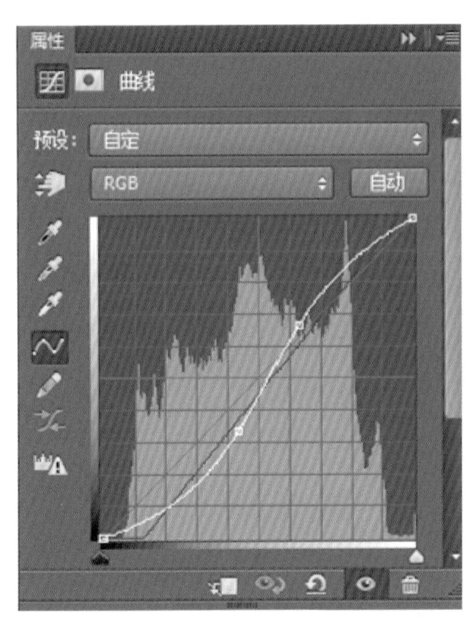

图 3 曲线参数

图 4 调整曲线效果

步骤四：新建“曲线 2”调整图层。

调整复制图层的曲线 2，调整海面的层次和对比度，使用蒙版，用黑色画笔将天空透出。

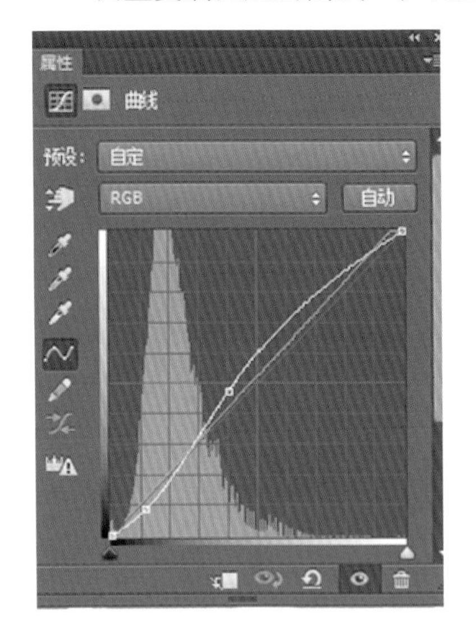

图 5 曲线参数

图 6 调整曲线 2 效果

步骤五：使用裁剪工具对图片进行裁剪，使船只正好处在黄金分割线上。

本节知识点：裁剪

对拍摄的照片进行裁剪能让主体更加突出或者让画面更加适合主题需要。Photoshop CC 根据需要可以自由裁剪，也可以裁剪固定大小。点击工具箱中裁剪工具，按住鼠标左键不放，选择要裁剪的图片范围，确定好范围后双击鼠标左键。裁剪固定大小的图片可以点击工具箱中的裁剪按钮，然后在工具属性框中输入裁剪后图片的宽度和高度，再进行裁剪。

图 7 原图

图 7 裁剪工具

图 8 裁剪后效果

步骤六：使用标尺工具拉直海平面。

拍摄的时候在船上，有些晃动，海平面稍微有些倾斜。可以使用软件中的标尺工具来拉直。（选择标尺工具，工具栏或者菜单栏都可以选择）从图片从左至右平行拉一条直线。点击上方拉直。

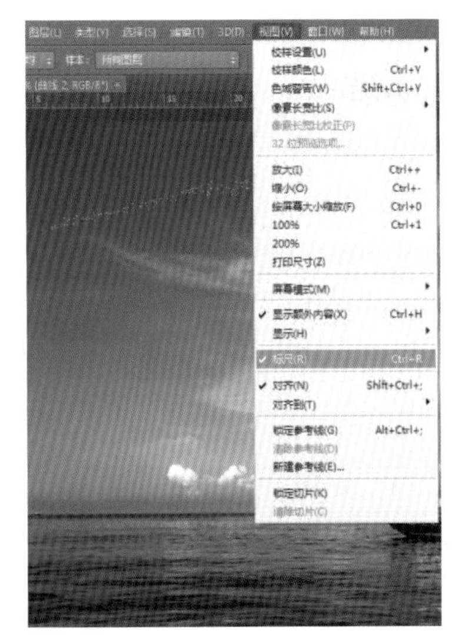

图 9 标尺工具

图 10 拉直后效果

图 11 原图

图 12 效果图

第二章　人物

2.1 不 争

2014 年 1 月　Vrah Vishnulok Kingdom of Cambodia

吴哥窟位于柬埔寨西北方，是吴哥古迹中保存最完好的庙宇，以建筑宏伟与浮雕细致闻名于世。

该照片被选中参加 2015“影像中国”纽约摄影展。

参数设置：Canon EOS 6D F/6.3 1/250 ISO 100

2.1.1 选择《不争》的理由

鲜明的主题，明快的色彩。

小僧侣独自面对天空，脸上严肃的表情仿佛在思考什么。

僧侣多以年长者为主，如此若有所思的小僧侣则不常见，在一个贫穷但有信仰的国度，生命的意义变得更为重要。无论是前期命名的《不争》还是后期参展时改名的《轮回》，都是在让我们找到自我，感悟人生。

拍摄人物的关键要素之一就是捕捉人物的神态，它要求拍摄者观察能力要强，反应速度要快。

拍摄人物时如果能将人物周边的文化符号融入拍摄环境，在主题说明时会起到帮助和延伸的作用。

2.1.2 《不争》背后的故事

以往出去摄影，常常会纠结于与同行的摄友争位置与角度，这次成了带队老师的跟屁虫，才发现，很多时候，不争反而得到更多。

当很多人忙于在旅游景点前自拍时，我们静静地在门廊旁记录下天真活泼的孩子在母亲温柔召唤中露出最纯真的笑容。当很多人忙于攀上景点高处展示自我，我们却在用蹩脚的英语和僧侣们探讨生命的轮回。

他是湖湘摄友的偶像，是将工作和兴趣合二为一的摄影专业教师，是孩子们的好父亲，妻子的好丈夫，父母的好儿子。他最爱说“摄影快乐 快乐摄影”。

他可能不够圆滑，不够努力争取功名，但够开朗，够幽默，够担当。

人们常说，水善利万物而不争，然而在喧嚣的尘世中真要做到却是非常难。

在静谧的佛土，用平静的心境去感受前世、现世与来世。

只愿在红尘俗世中，活出一份属于自己的自在。

2.1.3 如何使用 Photoshop CC 完成《不争》后期制作

该照片被选中参加 2015“影像中国”纽约摄影展，从拍摄的整体效果来看，需要调整的部分并不多，但为了获得最好的视觉效果，依然在细节部分做了一些调整，让画面效果更为生动，也能够更加贴合主题。

步骤一：复制图层，备份。

步骤二：新建“色阶”调整图层。

首先调节整体的色阶，强化暗部的细节，之后再稍微调整红色的色阶，让吴哥窟的建筑回复原本黑中带红的效果。

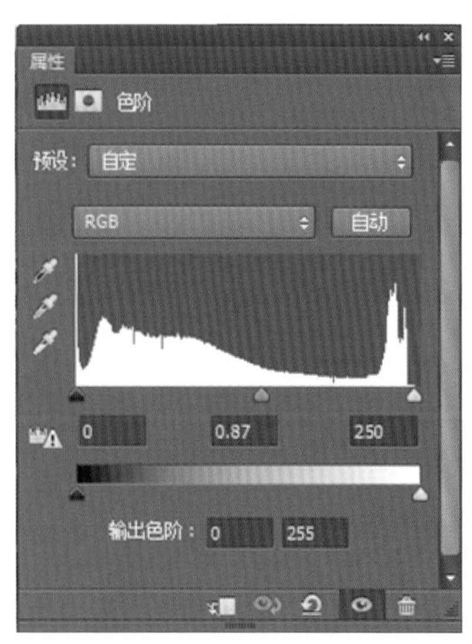

图 1 色阶参数

图 2 调整色阶效果

步骤三：新建“选取颜色”调整图层。

小僧侣的僧袍在黑色的建筑中特别突出，适当地增加黄色，减少青色能够让服装和建筑的色彩更为和谐，此外，柬埔寨地处热带，那里的人肤色较黑，通过选取颜色还可以稍微调整肤色。

图 3 选取颜色参数

图 4 调整选取颜色效果

步骤四：新建“曲线 1”调整图层。

由于天空颜色呈现灰白效果，通过调整曲线 1，降低白色亮度，微微透出蓝色，使用黑色画笔将除天空以外的部分透出来。

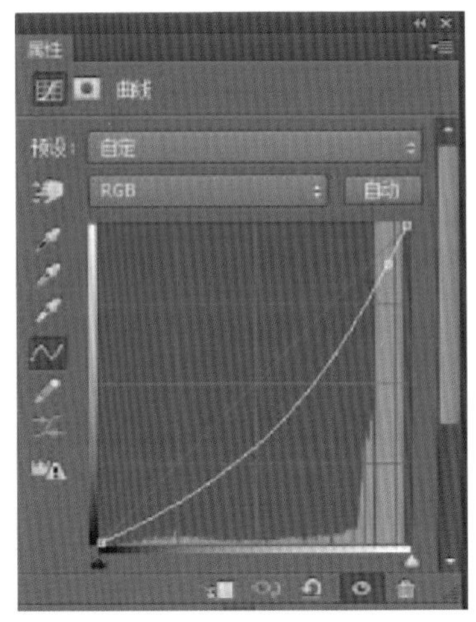

图 5 曲线参数

图 6 调整曲线效果

步骤五：新建“曲线 2”调整图层。

新建调整曲线 2，通过调整灰色于黑色之间的亮度，让建筑内在的年代感更加凸显，使用蒙版用白色画笔将吴哥窟建筑描画出来。

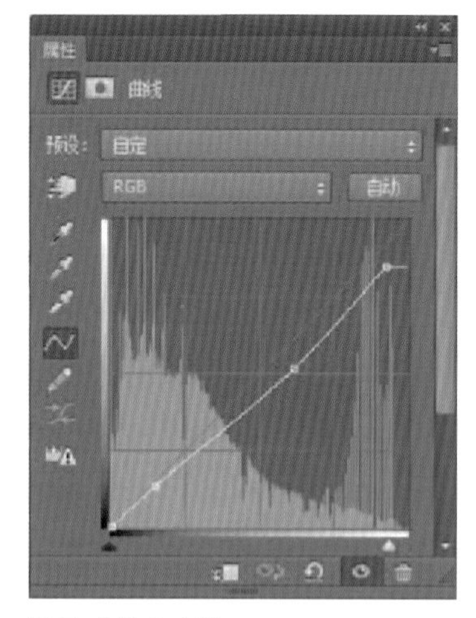

图 7 曲线 2 参数

图 8 调整曲线效果

步骤六：使用高反差保留强化建筑的轮廓线（滤镜 / 其他 / 高反差保留）图层混合模式：叠加。

图 9 高反差保留参数

图 10 调整曲线效果

本节知识点：可选颜色调整图层

可选颜色是一款非常细腻的调色工具，可有针对性地调节颜色，调色的时候选择某种需要调整的颜色，然后设置参数即可，常用来修改和替换颜色，打造个性色调的图片效果。

使用可选颜色调整图层时，建议学习一些 RGB、CMYK 混色原理及色环，使用起来会更加得心应手。

图 11 原图

图 12 效果图

2.2 撑起彩色的梦想

2015 年 8 月布拉格广场 捷克。

布拉格旧城广场被称为布拉格心脏，在这里你能看到 15 世纪以生命捍卫真理的捷克宗教改革先驱 J. 胡斯的塑像、80 多米高的蒂恩双塔教堂、500 多年历史的古钟等著名建筑，还有许多的游客和街头艺人。

参数设置：Canon EOS 6D F/6.3 1/40 ISO 200

2.2.1 选择《撑起彩色的梦想》的理由

来到布拉格，最不能错过的就是这个生气蓬勃又饶富古意的旧城广场。夜幕即将降临，被彩色泡泡吸引的孩子却久久不愿离去，忘却了时间的存在。

照片中泡泡的色彩、形状、孩子的眼神在人群中是那么特别，如同童话世界里的精灵。

在塑造人物神态个性时，我们可以充分利用对人物眼神的抓取。眼神的变化往往能够传

递某种特定的情绪。照片中，无论是街头艺人专注玩泡泡的眼神，还是小男孩惊叹羡慕的眼神，都是亮点。

2.2.2 《撑起彩色的梦想》背后的故事

她来自青海，她自己也不知道当初高考填报志愿时怎么会选择一所湖南的高校。或许，只是为了远离父母，又或者，只是想离湖南卫视近一点，这样就可以常常看到明星了。无论如何，那个九月的早晨，她把自己抛在了一个无辣不欢的城市。

听不懂高嗓门的方言，吃不惯口味太重的饭菜，甚至，连空气里的潮湿都变得无法忍受，这时候的她才真真切切地感受到什么叫悔不当初。本以为上了大学了，一切会不一样，结果，并没有什么变化。一想到接下来的好几年都要这么度过，本来就不算开朗的她变得更加沉默了。

那天的“新闻摄影”课，她看着讲台上的他昏昏欲睡，不苟言笑的他尽管西装笔挺，头顶不多的头发被打理得一丝不苟，可是，口音实在是有点重。再说了，家境并不宽裕的她对他手里的单反相机也并有没太多的兴趣。不过，作业还是要做的，听学长学姐们说，这个老教授很是严厉，迟到、不交作业或是旷课都很容易被挂科。

作业其实很简单，一组图片来说明一个新闻事件。正好头天晚上她路过 8 号楼时有个男生喝醉了引发了一场莫名其妙的斗殴，她用手机拍了几张照片，稍微整理一下就成了一条新闻。

交作业时，老教授一言不发，她也是大气不敢出。

让她没想到的是，在课堂上，老教授把她的图片作为优秀作业进行了讲解。当同学们的目光集中到她脸上时，绯红了脸的她有了些许和平时不一样的感觉。依稀听到老教授说，建议以后用单反相机拍，照片质量高，能够表达的内容会更丰富。她红了的脸唰地又白了，每个月生活费就已经让家里够费心了，买个单反是不可能的事情。

后来的作业，她还是用手机拍的，老教授在讲解时照例会说，如果……她通常是低着头，装作没听到。

圣诞节来了，虽然是洋节，同学们还是在教室里布置了许多圣诞装饰，她没有过圣诞的习惯，最大的愿望是早早下课回到宿舍暖和暖和。下课前，老教授说有圣诞礼物送给大家。当她打开她的礼物时，居然是一台单反相机，不知所措的她呆在教室，不知道怎么办。

班长走过了说：“一直以来，教授都觉得你很有灵气，尤其是你的图片新闻，总能够迅速抓人眼球。他觉得，你应该好好朝这个方向发展。你家的情况，我们或多或少有些了解，因此，教授和我们一起凑了点钱买了这台单反，希望你能用它去发现生活中更多的美，去展现事件背后的真相。”

她不记得自己当时是如何拿着那台单反相机回的宿舍，只记得，从此以后，她有了一个梦想。

后来的她在报社催稿的时候，在抢不到第一现场而懊恼的时候，就会把那台单反相机拿出来看看，莫名地又有了重新出发的理由。

2.2.3 如何用 Photoshop CC 完成《撑起彩色的梦想》后期制作

步骤一：复制图层备份。

步骤二：新建“曲线”调整图层，调整泡泡的彩色与透明色之间的对比度。

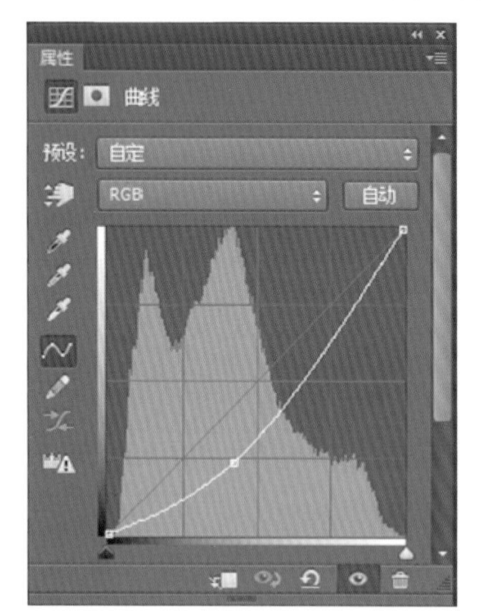

图 1 曲线参数

图 2 调整曲线效果

步骤三：新建“色相饱和度”调整图层（黑白），降低整个画面的色彩饱和度。

图 3 色相饱和度参数

图 4 调整色相饱和度效果

本节知识点 1：黑白背景，彩色主体

黑白可以去除杂乱的画面信息也可以淡化年代气息。黑白背景下的彩色具有凸显的功能，常用来强化主体。

PhotoshopCC 中处理成黑白背景非常简单，打开彩色图片，复制一层，图像 / 调整 / 去色，给去色图层添加图层蒙板，使用黑色画笔在蒙板上涂抹，涂过的地方就会还原成彩色的，如果涂错了，用白色可以涂转回来。也可以直接新建黑白调整图层，添加图层蒙板，用黑色画笔在蒙板上涂抹，还原需要的彩色部分。

步骤四：新建“颜色填充”调整图层（填充黑色）调整建筑颜色。

图 5 颜色填充参数

图 6 颜色填充效果

步骤五：新建图层 2，使用高反差保留滤镜强调泡泡的轮廓（叠加模式）。

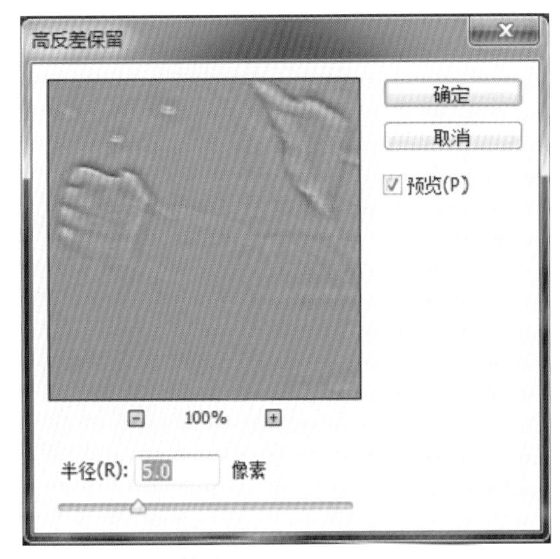

图 7 高反差保留效果

图 8 高反差保留效果

本节知识点 *2*：高斯模糊

高斯模糊滤镜常用来模糊图层，如复制一个现有图层，在复制的图层上使用高斯模糊，将图层混合模式改为滤色或柔光，可让图片产生梦幻效果；如使用蒙版将不需要模糊的部分擦除可以模拟前虚后实或者前实后虚的效果。对人物磨皮，勾选人物脸部建立图层，用高斯模糊，然后使用蒙版将眼睛嘴唇等不需要模糊的部位擦除，选择适当的图层透明度，可以柔化皮肤。使用高斯模糊还可以柔化蒙版的边缘，让蒙版效果更自然。

步骤六，新建图层 3 使用高斯模糊，羽化建筑边缘，让主体更加突出。

图 9 高斯模糊

图 10 高斯模糊效果

图 11 原图

图 12 效果图

2.3 梦醒时分花满枝

2015 年 8 月 维也纳 莫扎特故居

2.3.1 选择《梦醒时分花满枝》的理由

小女孩醒来，推开门，门外阳光如水，花朵娇艳欲滴

快门在小女孩兴奋跑向门外那一刻按下，留给我们一个美好的背影。

高饱和度的画面的色彩，将夏日的缤纷通过小女孩的视角展现。

纽约摄影学院对于好照片的标准之一是：“一幅照片要有一个吸引人注意力的主体”。照片中门框形成框架结构将小女孩娇憨的姿态突显出来，简洁的画面因其构图反而使主题表现更为明确。

参数设置：Canon EOS 6D F/7.1 1/20 ISO 100

2.3.2 《梦醒时分花满枝》背后的故事

距上一次见她已经整整一年，彼时的她，面色黯黄，脾气暴燥，有点神经质。最喜欢反复诉说生活的种种不如意，主要内容是丈夫恶毒的咒骂，辛辛苦苦打拼的公司明明很赚钱却流动资金不足，丈夫是财务主管。公婆如何对她不好等等。就连她累倒住院，也只是换来丈夫一句活该。为了孩子她一忍再忍，快要崩溃。

印象中她的丈夫是个奇怪的老实人。她和她丈夫始于相亲，那会儿她刚刚和相恋5年男友分手，原因现实得一塌糊涂。白富美看上了男友的帅气和温柔，横刀夺爱，几番反复，5年的感情终究败给了现实。三姑六婆适时将家境不错、工作不错的老实人推到她面前，没有过多的了解，她就匆匆步入婚姻的殿堂。反正大家都说她丈夫虽不浪漫，但踏实可靠，不爱应酬，正好顾家。不抽烟、不喝酒、不逛街，赚钱养家嘛。关键是老实啊，不会到外面乱来，是的老实就够了。他的外表、他的能力、他的上进心、甚至他的抠门都因老实一词有了保护色，没有人在意老实背后隐藏的一些另类特质。后来的后来，她才发现，所有的老实只不过他的遮羞布，等这一层布揭开时，她已经有了孩子。传统如她不忍孩子受苦，一边忍受着老实人的种种不堪，一边努力发展自己的事业。有了自己的公司，业务蒸蒸日上，因为有了事业的支撑，仿佛也就能这么过下去，直到有一点丈夫下岗了，下岗后的丈夫没有出去找工作，她见他总是宅在家里打打游戏、做做饭，身形日渐膨胀，总觉得不是办法。就让他到公司帮忙，却不料，这就成了噩梦的开始。

资深员工陆续离开，老客户停止合作，让她头痛不已。平常关系很好的工商税务居然也来找麻烦，原因很简单，老板的老公不懂说话，不会八面玲珑，和员工吵、和客户吵、和管理部门吵，吵着吵着就把业务吵散了，她也曾苦口婆心地劝过，换来的无非是更多的争吵。实在没有办法了，她就让丈夫负责管财务，其它大小事情不要出面。账目倒是很清楚，只是公司越来越不赚钱了。但凡她想问问原因，总免不了被嘲讽没本事。日复一日，直到她病倒了，医生说再这样下去，她可能活不过40岁。

出院后，她第一件事就是离婚，尽管离婚的条件无比苛刻，她也毅然决然地同意了。

现在的她，明眸皓齿，腰肢纤细，爱旅行、爱运动、爱生活中所有美好的事物。工作之余做做手工、插插花，谈谈恋爱，仿佛生活从未给她留下阴影。

有首歌叫《梦醒时分》，这么唱道："你说你爱了不该爱的人，你的心中满是伤痕，你说你犯了不该犯的错，心中满是悔恨。往事当然无法回首，现在才是永恒。梦醒时分，打开窗，勇敢地走向外面的世界，美丽的鲜花挂满枝头。

2.3.3 如何用 Photoshop CC 制作《梦醒时分花满枝》后期制作

步骤一：复制图层备份。

本节知识点：图层蒙版

图层蒙版是 Photoshop CC 中的一个非常重要的概念，使用蒙版可保护部分图层，使其不能被编辑，蒙版还可以控制图层区域内部分内容是隐藏还是显示。更改蒙版可以对图层应用各种效果，不会影响该图层上的图像。涂黑色的地方蒙版变为完全不透明的，看不见当前图层的图像。涂白色则使涂色部分变为透明的，可看到当前图层上的图像。

图层面板最下面有一排小按钮，第三个就是添加图层蒙版按钮，鼠标单击就可以为当前图层添加图层蒙版。也可以执行图层 / 图层蒙版 / 显示全部或者隐藏全部，还可以为当前图层添加图层蒙版。隐藏全部对应的是为图层添加黑色蒙版，效果为图层完全透明，显示下面图层的内容，显示全部就是完全不透明。

步骤二：新建曲线 1 调整图层。

使用曲线调整图层，调整门框绿色与阴影之间的对比，强化高光与暗部的层次感，使用图层蒙版保护小女孩及门外的鲜花，可使用黑色画笔对其进行涂抹使其透出。

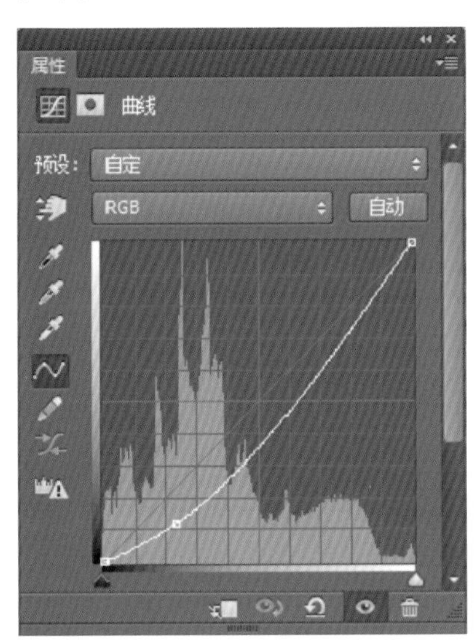

图 1 曲线参数

图 2 调整曲线效果

步骤三：新建拷贝图层 2 并将叠加模式改为柔光（略）。

步骤四：新建曲线 2 调整图层。

新建曲线 2 调整图层，调整门外的红花与绿叶以及人物的明暗程度，让三者之间的差值不大，形成一个和谐的整体效果。使用图层蒙版保护之前调整过的门框效果，可使用黑色画笔对其进行涂抹使其透出。

步骤五：新建图层 2 拷贝 2 并把模式改为叠加。

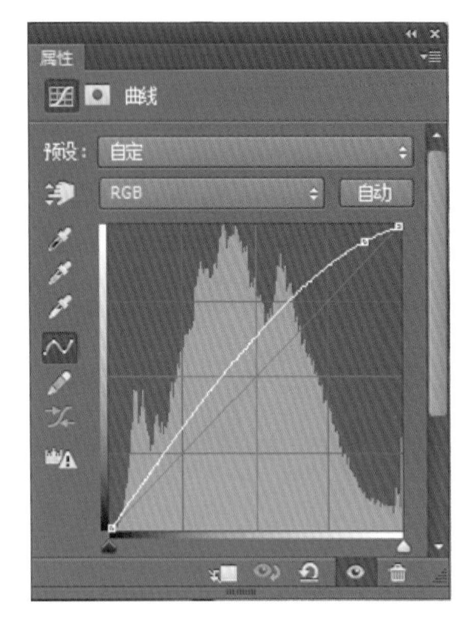

图 3 曲线参数

图 4 调整曲线 2 效果

图 5 原图

图 6 效果图

2.4　美丽人生

为了你的笑容，我拼命按下心中的快门

2015 年 8 月

捷克 伏尔塔瓦河

2.4.1　选择《美丽人生》的理由

蓝色的小船，橙色的救生衣形成了鲜明的色彩对比

河面被岸上的建筑映成了彩色

画面简单却充满着美好的气息

父亲有力的手，小男孩认真的神态将人们的视线牢牢锁定

阳光正好，世界美好

参数设置：Canon EOS 6D　F/7.1　1/250　ISO 200

一张好的人物作品生动的表情和情绪不可或缺。照片中的儿童正努力学习皮划艇的平衡技巧，严肃略带焦急的表情充分表现了他的内心活动。构图时，环境的带入传递更多的信息。美丽的小镇，美好的生活。

2.4.2 《美丽人生》背后的故事

小时候，总希望自己快快长大，
因为这样就不用被母亲唠叨。
小时候，总希望自己是个男孩子，
因为这样就可以理所当然的跟着父亲去任何地方。

小时候，母亲常常很忙，因为一家老小都要她操心。
小时候，父亲常常很忙，工厂离家有 40 多公里，只能在周末回家。
小时候，母亲常常拎着我的耳朵把我叫醒，只怕我上学迟到，老师来家访。
小时候，父亲常常给我买各种红色的东西，衣服、发卡、书包，甚至是书本的封皮。

小时候，我很自由，因为大人没空管我。
小时候，我很委屈，因为大人没空管我。

长大了，母亲偶尔很忙，大多是在我回家的时候，恨不得把家中所有好吃的都拿出来给我。
长大了，父亲偶尔很忙，大多是在我想家的时候，恨不得把家中所有的念想都捎来给我。

那天，阳光正好，父亲说，想要我为他拍照。
那天，风景依旧，母亲说，有你们在就是最好。
灿烂的笑容恍若从前看我考高分的成绩单，
然微风拂过，他们银色的发丝在阳光下却如此耀眼。

为了你的笑容，我拼命按下心中的快门，
因为有你们，才有了我美丽的人生。
谢谢你们，我爱你们。

2.4.3 如何用 Photoshop CC 完成《美丽的人生》后期制作

步骤一：首先在 PS 中打开一张需要处理的照片，然后在图层面板中复制一层。

步骤二：新建“色阶”调整图层。

通过调整色阶，让图片中的水波暗部能够得以调整，能够呈现出被映在水面的丰富色彩细节。

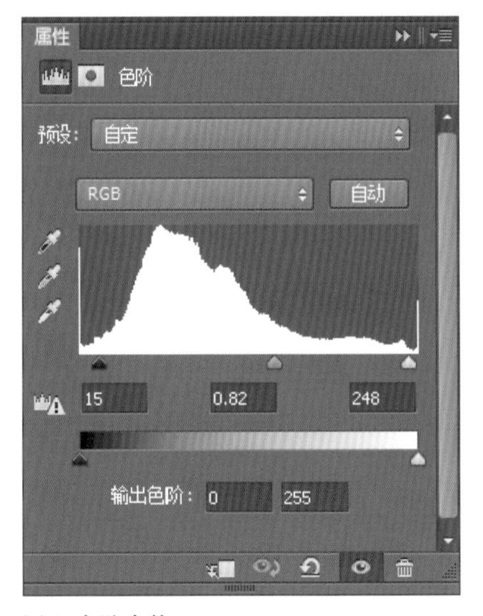

图 1 色阶参数

图 2 调整色阶效果

步骤三：新建“曲线”调整图层。

通过曲线调节黄色和蓝色的对比效果，让颜色效果更加鲜明。

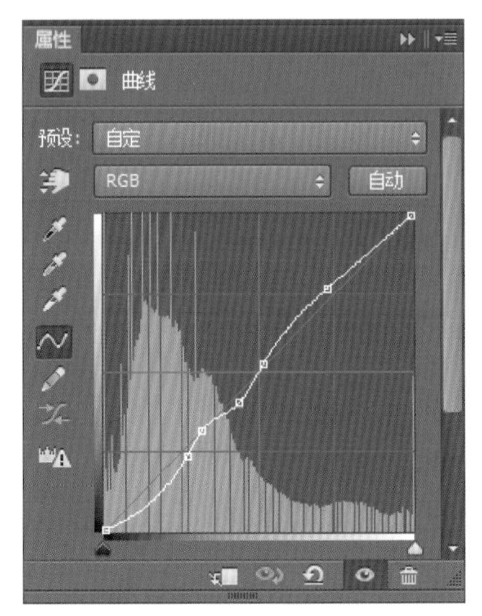

图 3 曲线参数

图 4 调整曲线效果

本节知识点 1：亮度 / 对比度

亮度 / 对比度命令操作可以对图像的亮度和对比度进行直接的调整。主要是对图像中所有的像素进行相同程度的调整，对图像的细节有一定的损失，适合初学者。细节的明暗对比建议用曲线调整。

步骤四：新建拷贝图层。

步骤五：新建“亮度 / 对比度”调整图层，使用蒙版。

通过亮度 / 对比度”调整图层，对照片中的水面进行调整，新建图层蒙版，使用黑色画笔工具涂抹人物和小船使其透出来，保持原有亮度。

图 5 亮度对比度参数

图 6 调整亮度对比度效果

步骤六：新建色相 / 饱和度调整图层。

适当调整全图的饱和度，使其整体看来更为鲜艳，切合主题。

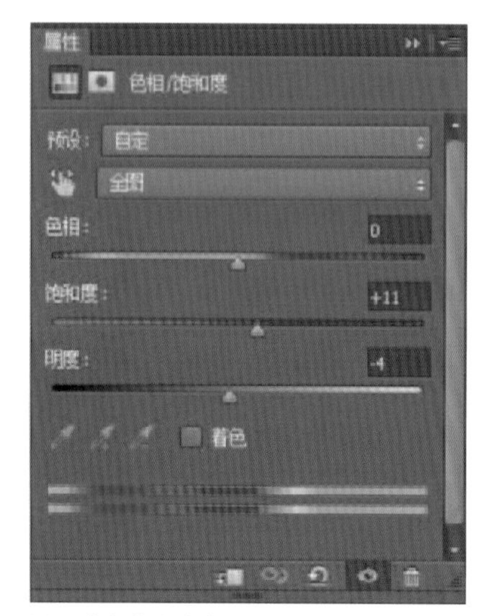

图 7 色相饱和度参数

图 8 调整色相饱和度效果

本节知识点 2：色相 / 饱和度

“色相”是色彩的首要外貌特征，“饱和度”是指色彩的鲜艳度，色相 / 饱和度常用来调整照片让其看上去更适合主题需要，让画面颜色变得更鲜艳或者相反。也可以用来给单个物体、区域着色，如黑白照片中人物的红唇，改变人物头发的颜色等，通常需要配合选区来完成。

图 9 原图

图 10 效果图

2.5 秋日私语

2015 年 10 月，松雅湖。

2.5.1 选择《秋日私语》的理由

图片中主体突出，天空、水面、霞光形成的背景与照片中的人物剪影结合在一起，深暗细部层次丰富，拼合的手机画面再次呈现晚霞的绚烂，将主体与背景生动结合在一起，凸显一份无声胜有声的美感。

参数设置：Canon EOS 6D F/8 1/160 ISO 100

拍摄剪影时，营造照片的整体氛围很重要。要力图使主体与背景融合共生，让观者有想象的空间。

拍摄剪影时，要适当的曝光不足，可让画面主体的轮廓更加明显。本片在拍摄时曝光点选择了天空，曝光补偿减一档，配合 AE-Lock 锁定完成。

2.5.2 《秋日私语》背后的故事

我常常称他是工作室中我最爱的学生。

我常常向认识不认识他的工作室成员反复夸他是如何踏实肯干。

我常常想问问他，他的沉默到底是一种怎样的坚持。

他很腼腆，和人说话的时候会习惯性地歪歪头，大多数时候是微笑。我忘了他是怎样被选进工作室的，只记得第一次他出任务就是拍摄系部招生宣传片，用一组运动镜头来展现新闻采编与制作专业的专业特色。他给我的方案主题是“行走”，行走在路上记录那些新鲜发生的事件的人。

在他的镜头里，田间、地头、阡陌、小巷一一出现，一如新闻人的视角，记录现在，留住感动。

学生拍东西，条件有限，尤其是拍运动镜头，要么自己要稳，要么就得靠稳定的移动物体。这两样他怎么能做到呢？答案是，他把自己挂在汽车的后备箱里、自行车的后座上。

后来就有了更多的事情找他，各种现场拍摄，各种短片、纪录片拍摄，甚至学弟学妹的摄像培训也安排他。印象中，只要说拍摄负责人是他，就从不用担心。

只是有一点，他认为美的画面，不管你要还是不要，总是要拍下并且执拗地希望能用上。很多时候，他也并不跟你争执，只是沉默以对，那倔强的嘴角无声地凸显他的坚持。

我不知道他的工作中是否会因为这个而受挫，但是，我常常会记得他的认真、坚持以及对美好画面的追求。

2.5.3 如何用 Photoshop CC 制作完成《秋日私语》后期制作

步骤一：解锁图层或者单击“锁”图标解锁图层，复制图层备份。

步骤二：使用仿制图章工具修改图片。

图片中用红线标识的部分远处房子和近处人物的脸部轮廓贴合在一起，人物的脸部线条不清晰。可使用仿制图章工具将房子部分处理掉。

图 1 修改前

图 2 修改后

步骤三：复制图层，得到拷贝 2：添加滤镜。

选择滤镜—其他—高反差保留，混合模式—叠加，高反差保留一般数值不易过大，5 像素效果就很明显了，可以看到人物剪影的发丝，草和建筑物的轮廓都变得非常清晰。

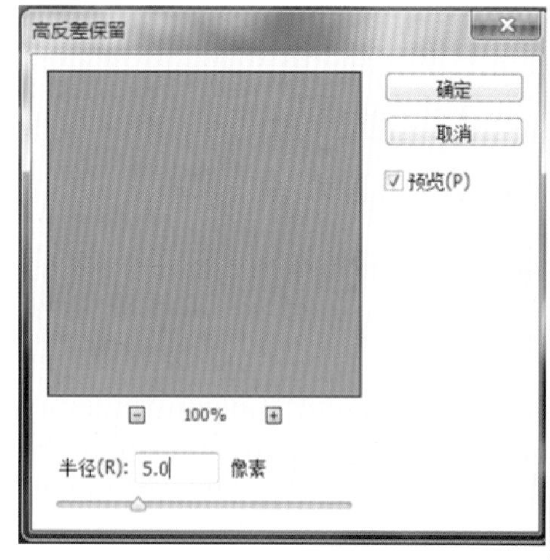

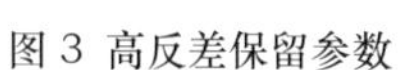
图 3 高反差保留参数

图 4 高反差保留效果

步骤四：新建“曲线”调整图层。

新建“曲线”调整图层，单击 1 选择曲线调整属性，调整云彩与天空的明暗细节。

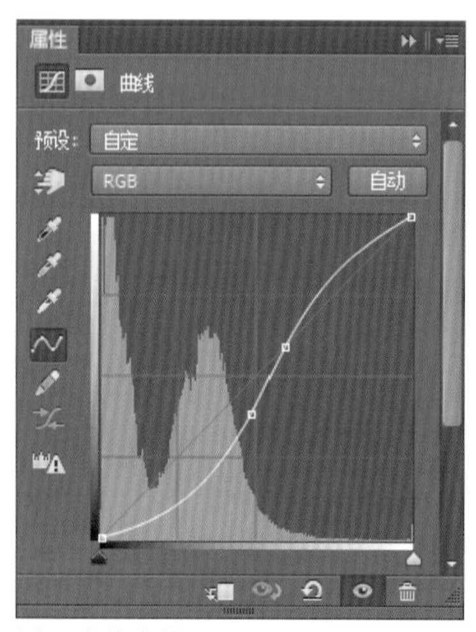

图 5 曲线参数

图 6 调整曲线效果

步骤五：新建“亮度 / 对比度”调整图层，提高整体画面的亮度。

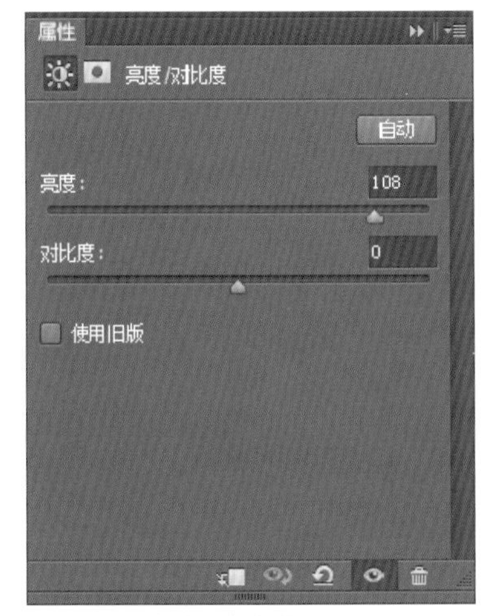

图 7 亮度 / 对比度参数

图 8 调整亮度 / 对比度效果

步骤六：新建“色阶”调整图层，调整暗部的细节。

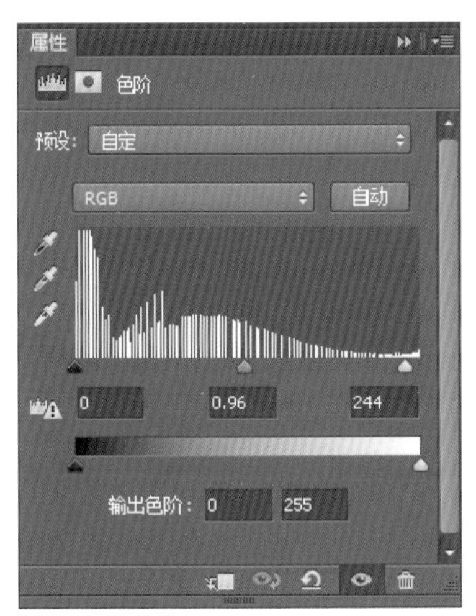

图 9 色阶参数

图 10 调整色阶效果

步骤七：嵌入图片。

导入要嵌入的图片至 PS 内后，会自动新建合成。在新建合成内解锁图层，右击图层复制到 IMG_2626.PSD（就是我们最初的项目合成），得到图层，选择图层使用快捷键 Ctrl+t 修剪旋转至与手机屏幕适合大小后按回车键。

图 11 嵌入综合图

本节知识点：图片合成

通常我们为了营造特殊效果，需要对图片进行合成，Photoshop CC 中简单的合成图片方式是：打开第一张图片后，再把第二张你想要的图片，在文件选项中选择“置入”命令，调整好大小就可以了。稍微复杂的则需要通过“抠图”或者“蒙板”来完成，常见的有为天空添加云朵、霞光，制作海报时将不同元素放在同一个画面之类，主要根据主题需要的效果而定，在此不作详述。

图 12　原图

图 13 效果图

2.6 墨庄清韵

2.6 墨庄清韵

2014 年 6 月

湖南长沙望城区雷锋镇，墨庄。

“墨庄”是收藏家谢先生在各地搜集的老房子原材料所建的古建筑私人博物馆。

参数设置：Canon EOS 6D F/5 1/8 ISO 1000

2.6.1 选择《墨庄清韵》的理由

充分利用窗户透过的光。逆光拍摄的人像，周围的轮廓光和发丝光让模特有了一种温婉的气质，配合旗袍、盖碗茶，平添些许清韵。

利用窗口光线拍摄人物，可以营造出柔美的氛围，对于女性模特而言，较容易展现其恬静的一面。逆光拍摄时，则需要考虑室外、室内的明暗对比对画面的影响。测光时建议以面部为测光点，增加一档曝光较易得到相对准确的曝光值，从而让前后之间明暗对比不会反差太大。

2.6.2 《墨庄清韵》背后的故事

去到墨庄，纯属偶然，缘起摄影爱好者相约，周五见。

丝丝细雨中，驱车来到望城区雷锋镇南郊，并不宽敞的道路旁居然有一座徽派园林——墨庄。

听组织者介绍，该建筑是收藏家谢先生从江浙完整拆移过来的古园林建筑。

进入墨庄，一砖一瓦，一联一画无不透着传统文化的雅致，身处其中感觉整个人都多了几分清韵。

每次出去采风或是拍摄，总觉得除了风景或是人文外，同行的摄影爱好者往往更为有趣。这次的故事主人公就是其中之一。年龄不小却抱有赤子之心。每一个场景都力求精益求精，十八般武艺无不用于拍摄。当你在关注模特的站姿是否妖娆时，他早已找准最佳角度；当你还在纠结角度时，他早已趴在地上，或斜躺，或侧卧，完全无视雨后麻石板的濡湿。

人们常说，再美的风景过后都是过眼云烟。然而，当你真正用眼睛和心灵去感受，那一刻，不是你中了景或人的毒，而是景或者人因你而有了深刻的记忆。

2.6.3 如何用 Photoshop CC 完成《墨装清韵》后期制作

步骤一：复制图层备份。

步骤二：人物磨皮美白。

（1）提取高光部分 Ctrl+Alt+2。

（2）反选 Ctrl+Shift+I。

（3）使用曲线调整它的亮度。

（4）进入图层通道，复制蓝色通道。

（5）选择滤镜—高反差保留。

（6）选择图像—应用图像—叠加。

（7）图像—应用图像—颜色减淡。

（8）使用污点修复画笔工具去除人物脸上的斑点。

图 1 高光选取

图 2 反选

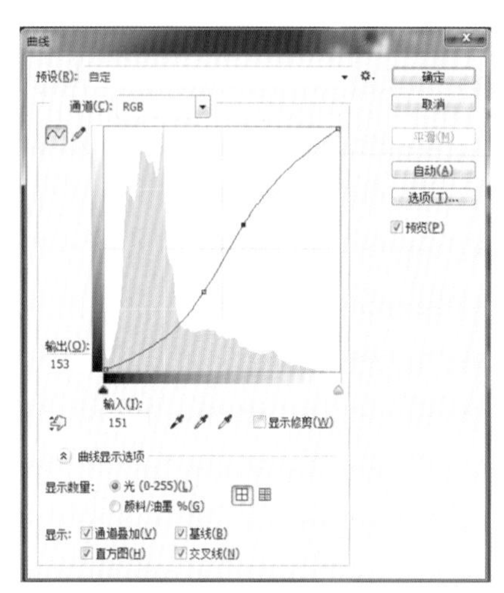

图 3 曲线参数

图 4 调整曲线效果

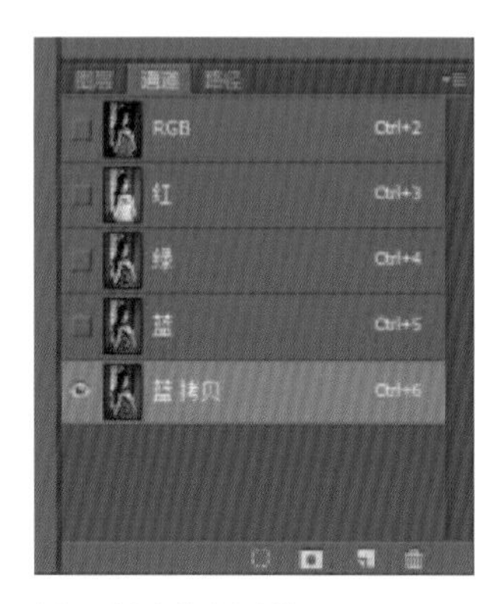

图 5 新建蓝色通道

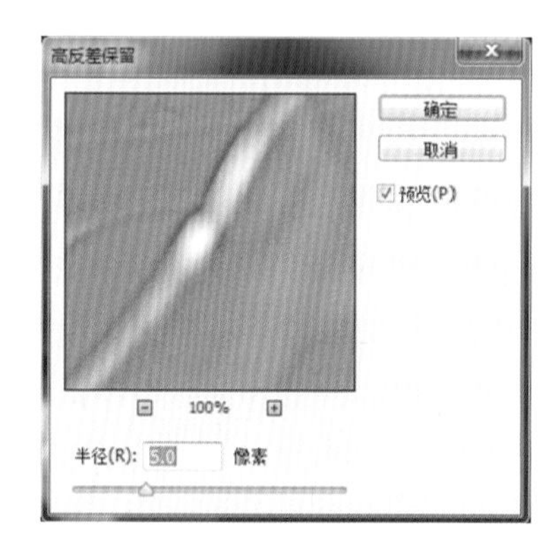

图 6 高反差保留参数

图 7 应用图像模式

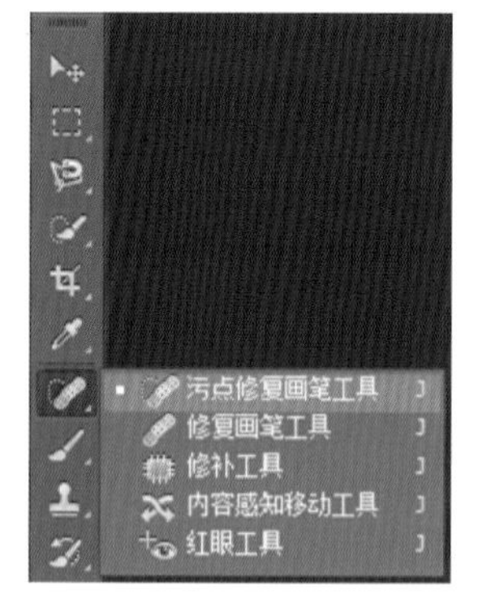

图 8 污点修复工具

本节知识点：磨皮美白

磨皮美白是人物后期制作常常需要用到的手法。磨皮美白的方法有很多，可以利用图层、蒙版、通道、工具、滤镜给人物消除皮肤部分的斑点、瑕疵，使皮肤光滑、细腻、自然。

本节使用的是利用通道磨皮，通道磨皮非常快捷，能够较好地保持皮肤的细节。

步骤三：新建色阶调整图层。

运用色阶稍微调整暗部的细节。

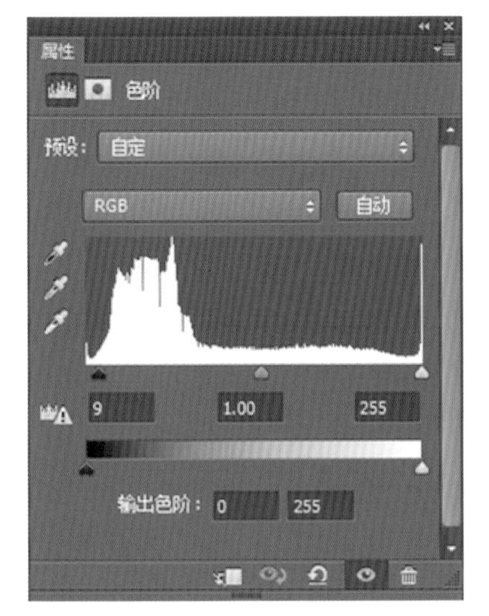

图 9 色阶参数

图 10 调整色阶效果

步骤四：新建曲线调整图层。

运用曲线调整红色的高光以及门框色彩细节之间的对比度。

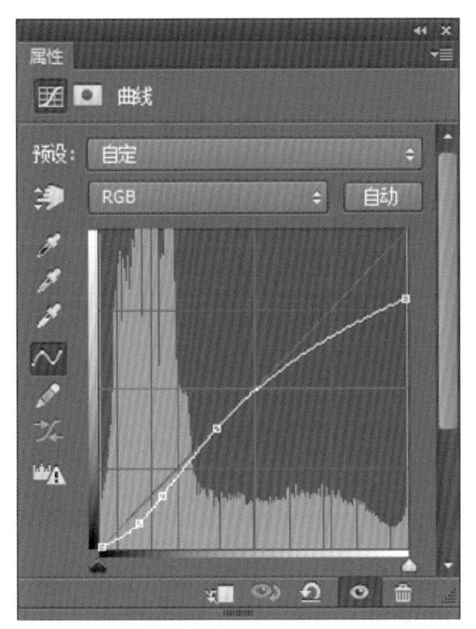

图 11 曲线参数

图 12 调整曲线效果

步骤五：新建“选取颜色”调整图层，选取红色。

图 13 选取颜色参数

图 14 选取颜色效果

步骤六：裁剪画面，让人物的眼睛处于九宫格内，让画面效果更加符合人类的审美习惯。

图 15 裁剪工具

图 16 裁剪效果

图 17 原图

图 18 效果图

2.7 广 场 舞

2015 年 8 月

2.7.1 选择《广场舞》的理由

遮挡的绿色植物前景像睫毛

圆形的拱门像眼睛的瞳孔

圆圆的内环像眼球

眼球里仿佛映出一种接地气的美——广场舞

参数设置：Canon EOS 6D F/5 1/50 ISO 400

带前景拍人物，容易形成一定深度的空间，画框式前景能充分利用前景形成趣味点和聚焦点。

拍摄时尽量让前景靠近镜头，建议使用手动对焦模式，将焦点对准人物，再移动进行构图，让前景虚化明显，营造气氛。

2.10.2《广场舞》背后的故事

记得某年夏天在云南红河州元阳县的一条街道上，同行的朋友很认真地说：“中国人活得累是事实，但是中国人的幸福指数高也是事实。”彼时我们一群人正站在该县最繁华的十字路口，东西向街道左边坐满了打纸牌的人，小凳小桌摆得很是整齐，至少有好几十桌吧。就着路灯的光线，老的少的，男的女的，站的坐的，参战的观战的，固定的流动的让人觉得街道更加热气腾腾。右边则是烟熏火燎的夜宵区域，品种不多，主要是是烤土豆、山药或者一些其他烧烤类，价格也是非常便宜。南北向街道右边则满是卖水果和杂货的摊贩。左边的商场早早打了烊，留下一大块空地给广场舞爱好者。用朋友的话来说就是：“看这场景，无论是物质还是精神层面的需求都得以满足，无论是在大城市还是小县城，老百姓们都同样可以享受到这些简单的快乐，幸福指数一定是不低的。”

想想他说得有一定的道理，看看广场舞人群里那个大爷，应该有 70 岁了吧，他一丝不苟地合着旁边奶奶的节奏，旋转跳跃。那个带着孩子的妇女，拉着小朋友的手，笑的那么开心。旁边那个年轻的男子，看着自己的女朋友跟着跳，也是被逗得前仰后合。看热闹的我们，吃着烤土豆，那滋味仿佛比平时吃大鱼大肉更为满足。

时光在这里变得缓慢且从容，仿佛每个人都让自己的心在这热闹的、简单的，接地气的生活中散步。

当我们带好一颗心置身生活，学会让心在生活里散步。我想无论是身在何方，我们眼中定看得到幸福的方向。

2.7.3 如何用 Photoshop CC 完成《广场舞》后期制作

步骤一：复制图层备份。

步骤二：新建“曲线 1”调整图层。

通过曲线调整暗部的亮度，添加黑色蒙版，再用白色画笔将人物脸部涂出，提亮脸部。

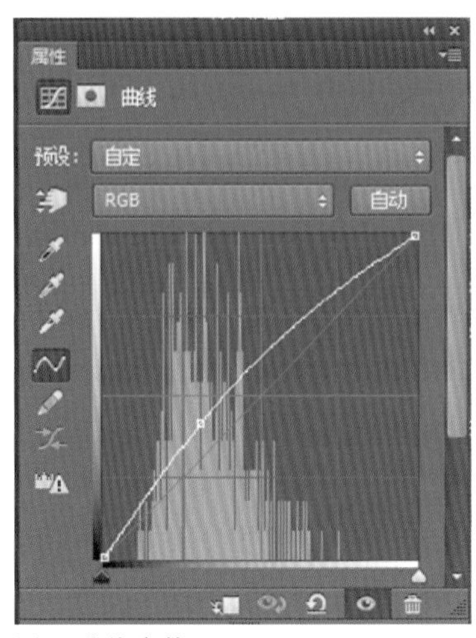

图 1 曲线参数

图 2 调整曲线效果

步骤三：新建“曲线 2”调整图层。

通过曲线调整绿色植物和拱门外环的明度，添加白色蒙版，再用黑色画笔将内环及人物透出 让拱形门看起来像眼睛的瞳孔。

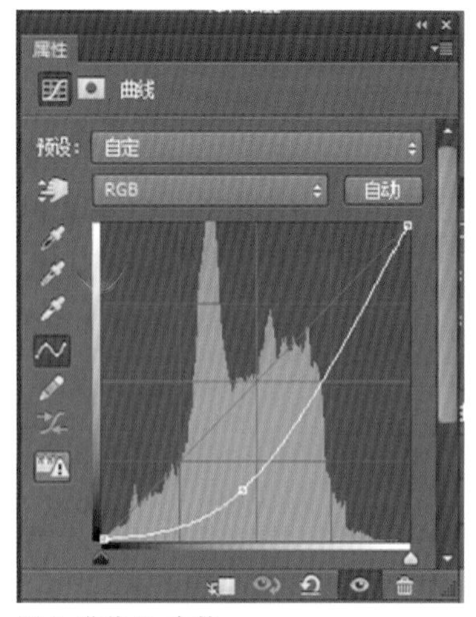

图 3 曲线 2 参数

图 4 调整曲线效果

步骤四：新建“曲线 3”调整图层。

通过曲线调整在画面上直接压暗四角，让画面的层次感更为丰富。

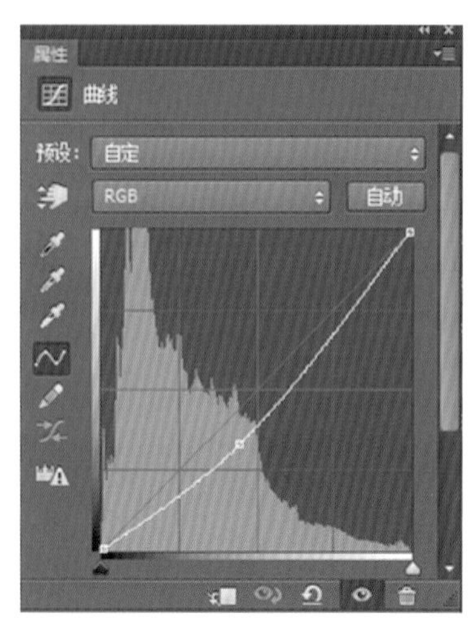

图 5 曲线 3 参数

图 6 调整曲线效果

步骤五：新建“曲线4调整”图层。

通过添加曲线4图层，在曲线上直接拉高人物亮度。添加黑色蒙版，用白色画笔将手臂和脸部涂出。

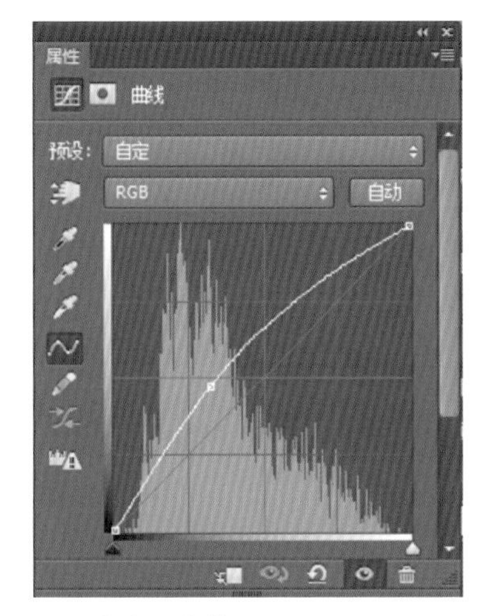

图7 曲线4参数

图8 调整曲线4效果

图9 原图

图10 效果图

2.8 流逝的时光

2015 年 9 月，广西 黄姚古镇。

黄姚有着近千年历史，是“中国最美的十大古镇”之一。由于镇上黄、姚两姓居多，故名“黄姚”。镇内街道全部用黑色石板镶嵌而成，房屋多为两层的砖瓦结构，建筑精美。

2.8.1 选择《流逝的时光》的理由

篆刻历史沧桑的旧房子
时光的印记已在身后层层腐朽
又是一年芳草绿
生机勃勃绿色植物
并不因时光流逝不再生长
我们的日子在柔美的光线中
终究是一去不复返了

美好的光影、框格式构图是选择该照片的理由

框格式构图能起到强调的作用，营造新奇感和趣味性。用在这张古建筑与人文的组合中，较好地营造了气氛，同时赋予了作品深层次的精神内涵。

参数设置：Canon EOS 6D F/5.6 1/100 ISO 200

2.8.2 《流逝的时光》背后的故事

在广西龙脊梯田的半山腰上，偶遇的她让我觉得很奇怪，

首先是她手里的《红楼梦》有着简陋的书皮、磨得起毛的扉页、黄色的纸张，应该也有几十岁了吧。

她面前摆着两个红色塑料桶，一个里面用清水泡着几瓶可乐和矿泉水，另一个放着些当地的特产。

她也应该有八九十岁了吧，微微佝偻的身躯在小小的竹椅上显得很轻，花白的头发被瑶家的青布帕裹得一丝不苟，靛青大襟上衣的红色几何纹与头饰上的“龙盘”形态相映成趣。

秋日的骄阳晒得我们口干舌燥，看到她面前的水和可乐，大家都想赶紧抓过来喝上一口，可是，看她的样子又不太像做买卖的人，没有标价，没有吆喝，甚至她都没抬眼看看我们，全身心都沉浸在《红楼梦》的世界里。

我们都不敢打扰她。同行友人的孩子年龄尚小，实在是渴得受不了，抱着桶子不放手，大声说：“妈妈我想喝。”刚刚还在看书的她立刻就拿出一瓶，毫不费劲拧开，缺了两颗门牙的脸上漾起慈祥的微笑。

我们也就顺理成章地纷纷拿起水和可乐。

我好奇地问她，为啥爱看《红楼梦》，她指指自己的耳朵，示意自己听不清楚

反而给我们念起了《红楼梦》第七十八回的内容：“老学士闲征姽婳词，痴公子杜撰芙蓉诔。”

微风轻拂，我们一行在她轻轻的诵读声中，不知不觉地忘了时间，忘了炎热。

听后来去过农脊的人说，他们也看到过这个奶奶，有时候是在自己院子，有时候是在梯田中段，大多时候看的是《红楼梦》，偶尔也看《悲惨世界》。

20 世纪 30 年代，一个瑶家的女孩，出身在怎样的一个家庭，才可以享受到识字读书的快乐？而今天，在大家都有机会享受到这种快乐的时候，又是谁还在坚持着这种简单的快乐。

流逝的时光里，苍老的是人的容颜，未曾流逝的是对知识的渴望，隽永绵长。

如果你去到龙脊，路过一个老屋子，看到一个老奶奶坐着小板凳看《红楼梦》，请听她谈谈红楼其中味。

2.8.3　如何用 Photoshop CC 完成《流逝的时光》后期制作

步骤一：复制图层备份。

步骤二：新建“色阶”调整图层，主要用来调整图片暗部细节。

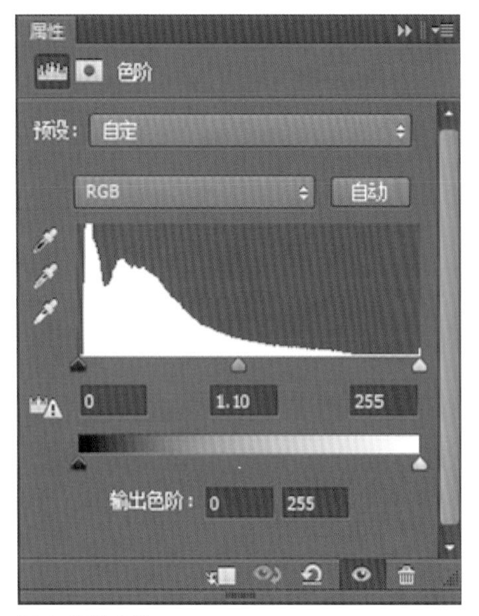

图 1 色阶参数

图 2 调整色阶效果

步骤三：新建“曲线 1”调整图层。

曲线 1 图层 ，调整砖墙、门之间的对比度，使其产生更多的层次感，使用蒙版，用黑色画笔将门内的光线、植物和人物遮挡，让其保持原状，只透过砖墙和门的调整效果。

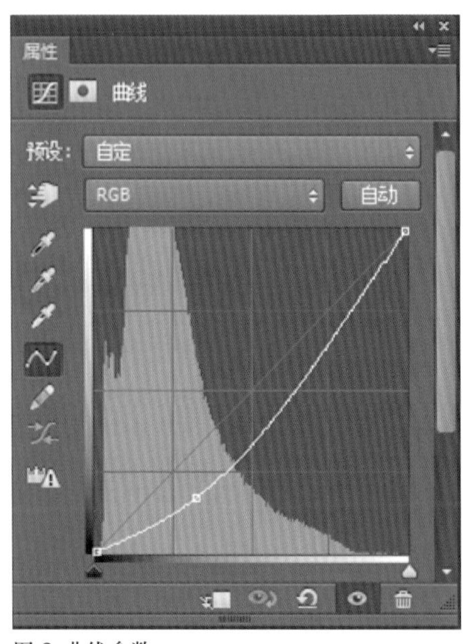

图 3 曲线参数

图 4 调整曲线效果

步骤四：新建“颜色填充”图层。

使用黑色填充图层，使用蒙版，用黑色画笔将门框内的景和人保留原来的色彩，使得填充的黑色主要作用于墙壁和门框。

本节知识点：颜色填充图层

填充图层可以用纯色、渐变或图案填充图层。填充图层不影响它们下面的图层。选择 图层 / 新建填充图层”，然后选择一个选项命名图层，设置图层选项，然后单击“确定”。

图 5 颜色填充参数

图 6 调整颜色填充效果

步骤五：新建“曲线 2”调整图层。

通过曲线调整门框内光线的亮度，让光线的效果更加明显，光线透过天井投射在植物上、人的头发上，给环境带来一种神圣的静谧感。

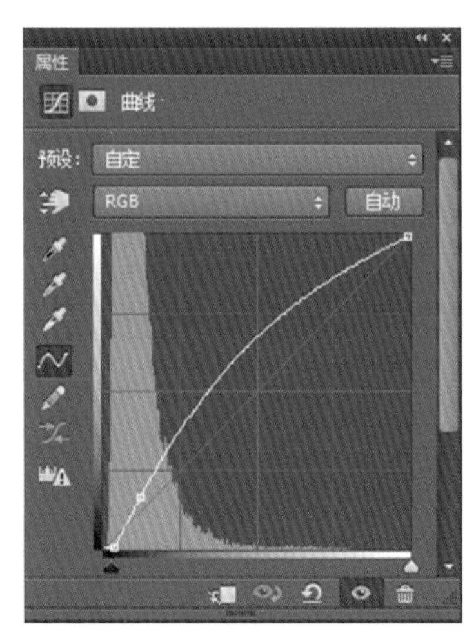

图 7 曲线参数

图 8 调整曲线效果

步骤六：使用滤镜 / 其他 / 高反差保留，混合模式：叠加。

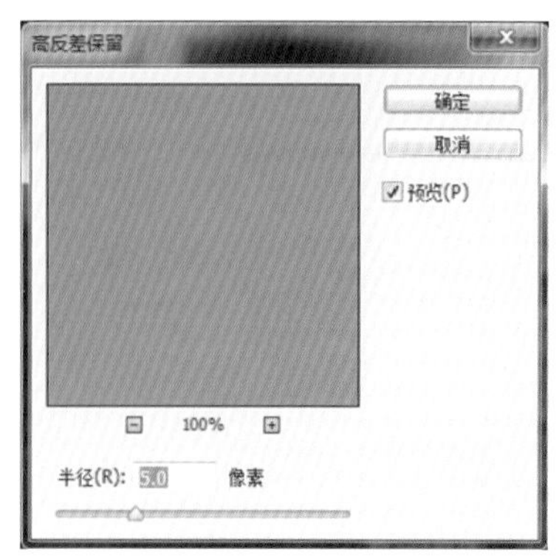

图 9 高反差保留参数

图 10 高反差保留效果

图 11 原图

图 12 效果图

2.9 洪江老人

▶ **2014 年 6 月，洪江古商城。**

洪江古商城坐落在沅水、巫水汇合处，源于春秋，成形于盛唐，鼎盛于明清，以集散桐油、木材、白蜡、鸦片而闻名。它是滇、黔、桂、湘、蜀五省的物质集散地，是湘西南地区经济、文化、宗教中心。

参数设置：Canon EOS 6D F/5.6 1/4 ISO 400

2.9.1　选择《洪江老人》的理由

慈祥的老人经历过岁月风霜，所有的一切仿佛都已经放下。虚化的扇子和淡定的表情形成鲜明的对比。服装、道具和背景的颜色让人有种穿越的感觉。拍摄老人时，相机稍低于眼睛，利用下面光或半逆光能较好地掩饰年龄带来的一些肌肤松弛、斑点等。有效的沟通、轻松的氛围则有利于抓取老人特有的神态。

2.9.2　《洪江老人》背后的故事

古商城的药号，这位据说年近九旬的老中医端坐于厅堂，满脸慈祥。

同行的摄友中也有一位目光温柔、面容慈祥的“老帅哥”，身姿挺拔，衣着时尚，马丁靴、迷彩裤和言必称您的谦虚态度让人肃然起敬。

只因旅途中抓拍了一张他爱的照片，非要请我们宵夜，只因拍摄中偶然给予他帮助而非要尊称年轻的我们为老师，所谓“谦谦君子，卑以自牧”就是他的真实写照吧。

走过洪江，探索文化的奇妙与深邃，感受君子人格魅力之终极所在。

2.9.3　如何用 Photoshop CC 制作完成《洪江老人》后期制作

步骤一：新建“色阶”调整图层，调整图片亮部的细节。

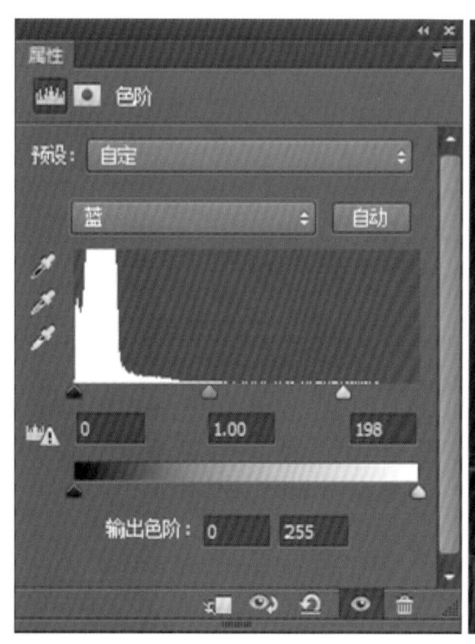

图 1 色阶参数

图 2 调整色阶效果

步骤二 对画面进行二次构图，将灯裁剪掉，让兴趣点集中于慈眉善目的老人脸上。

图 3 裁剪效果

图 4 修补效果

步骤三：利用仿制图章工具修补画面。

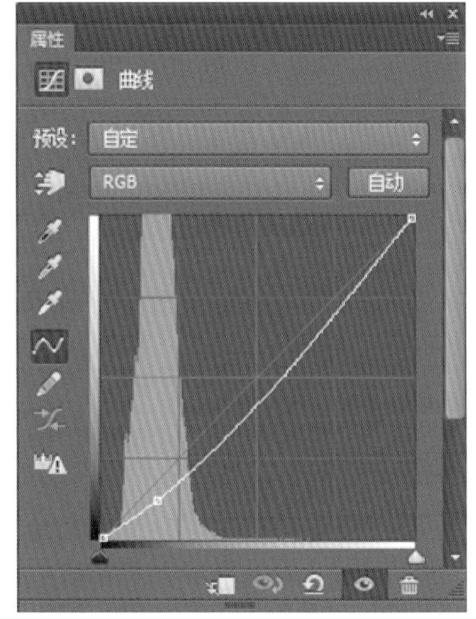

图 5 曲线 1 参数

图 6 调整曲线 1 效果

步骤四：新建“曲线 1 调整图层。

通过曲线调整背景之间的对比，形成背景的内部层次感，使用蒙版，使得曲线调整主要作用于背景，人物则用黑色画笔透出。

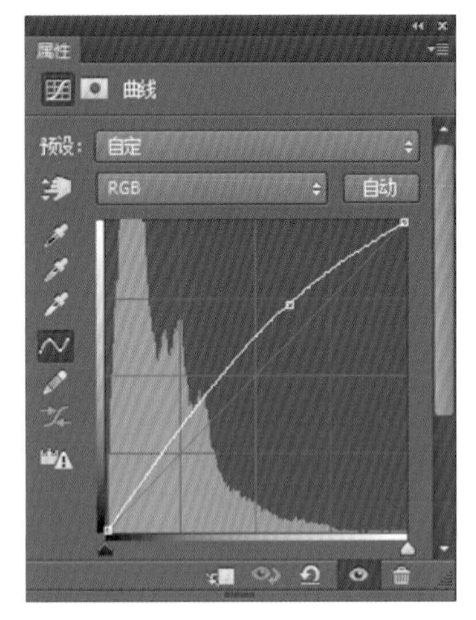

图 7 曲线 2 参数

图 8 调整曲线效果图

9 高反差保留效果

步骤五：新建“曲线 2”调整图层。

通过“曲线”调整人物与背景之间的对比度。

步骤六：使用滤镜，高反差保留，强调人物面部的轮廓。

（1）高反差保留的值为 4。

（2）压暗背景。用黑画笔在蒙版上将人物涂出。

（3）按“Ctrl+ 点击蒙版”，建立选区。点击“选择”反向，将人物选中，用曲线将人物提亮。

（4）用曲线加强面部反差。

（5）“Ctrl+Alt+Shift+E”盖印图层，执行“高反差保留”锐化眼睛、嘴唇、胡须等部位。

本节知识点：色阶

色阶是用来调整图片明暗程度的工具。个人习惯如RAW格式则在使用 Photoshop CC 打开时就对曝光、高光、阴影等进行调节，JPG 格式则使用色阶对图片的暗部和亮部进行调节。在调整图层按钮中点击色阶选项会弹出色阶控制面板。

图 10 原图

图 11 效果图

第三章　小景

3.1 等待（组照）

2015年11月，湖南长沙，时光之尘咖啡馆。

3.1.1 选择《等待》的理由

暖色调，娇艳的玫瑰，笑颜如花。

冷色调，玫瑰已经开始凋零，笑容不在。

等待的心情，透过画面，不言而喻。

参数设置：Canon EOS 6D F/4 1/15 ISO 200

小景或小品，最大的特点在于以小见大，见微知著，需要摄影师充分发掘生活中的细节，通过丰富的影像表达，形成影像故事。本组照片中，暖色调的玫瑰拍摄时间为下午3点左右，彼时花还很娇艳，女孩也状态不错，5点左右的玫瑰则明显凋残，后期将其处理成冷色调，与女孩的面部表情同步，营造出落寞的气氛。

通过主体与陪体之间的关连赋予了照片更多的故事性。

参数设置：Canon EOS 6D F/4 1/15 ISO 200

3.1.2 《等 待》背后的故事

等待是件高兴的事情，因为你说下午 3 点要来，我从 1 点就开始就感到幸福。等待是件伤心的事情，因为你说下午 3 点要来，我从 1 点就开始担心你不会来。

她是美艳动人的女子，只是不再青春。她的爱情如同一部狗血的偶像剧，20 出头的她由父母做主，嫁给了门当户对的前夫，1 年后，她带着刚刚满月的孩子回了娘家。

青梅竹马的他痴心不改，执意要和她在一起。她怜惜他从未有过婚姻，不愿委屈了他，他对天盟誓，只愿她的世界里从此有他。于是，王子和公主好像终于过上了幸福的生活。

他们是那么的般配，郎才女貌，琴瑟和鸣。他们是那么的幸福，一起吃遍了家乡的小吃，一起看过了祖国的大好河山，一起见证了众多好友的人生重大时刻。她沉醉在爱河里，不停地为悦己者容，衣柜早已装不下了，房子也太小了，小到他开始不愿回来了。聪明如她，当然知道发生了什么，只是她不明白，在最好的时光里，为何没能被温柔对待。

我想她最不明白的是：一段感情中，总会有一个人成长得比另一个人快。作为男人的他，有了她之后，毫无后顾之忧，不断提升自己，世界愈来愈广阔。而有了他的她，活在爱情的蜜罐里，为他放弃了自己的事业，忘了生命中其实还有诗歌和远方。

他成长了，可是她没有。

在最好的时光里，如若没有共同的成长，若没有一个人愿意停下脚步等待，又哪里会有地久天长?

3.1.3 如何用 Photoshop CC 完成《等待》后期制作

《等待》是全书中唯一的组照，表达是等待过程中少女心情随时光流逝的变化。图片 1 传递的是喜悦，焦急和期盼，主要使用的是暖色调；图片 2 则是等而不来的失落和惆怅，用冷色调更能呈现。

图片 1 后期制作

步骤一：复制图层备份。

步骤二：新建“色阶”调整图层。

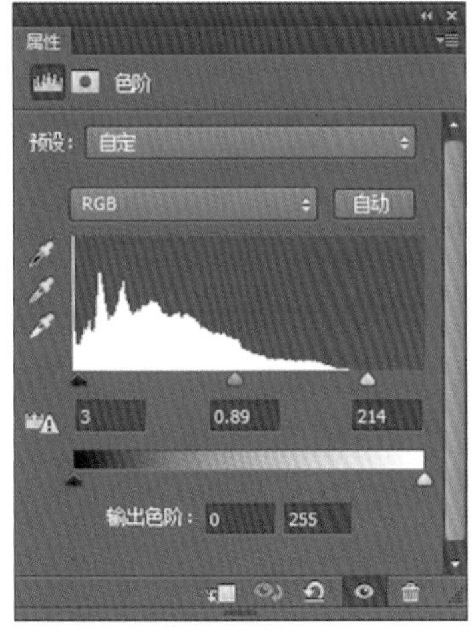

图 1 色阶参数

图 2 调整色阶效果

步骤三：复制图层，图层模式为柔光，让皮肤和玫瑰花的质感更好。

图 3 图层模式

图 4 柔光效果

步骤四：新建“色相 / 饱和度”调整图层，稍微提高红色的饱和度，凸显暖色调。

图 5 色相 / 饱和度参数

图 6 色相 / 饱和度效果

图 7 原图

图 8 效果图

图片 2 制作步骤

步骤一：新建图层备份。

步骤二：新建“亮度 / 对比度”调整图层。

图 1 亮度 / 对比度参数

图 2 调整亮度 / 对比度效果

步骤三：新建“色调分离”调整图层。

图 3 色调分离参数

图 4 调整色调分离效果

步骤四：新建“色相饱和度 1”调整图层，调整红色。

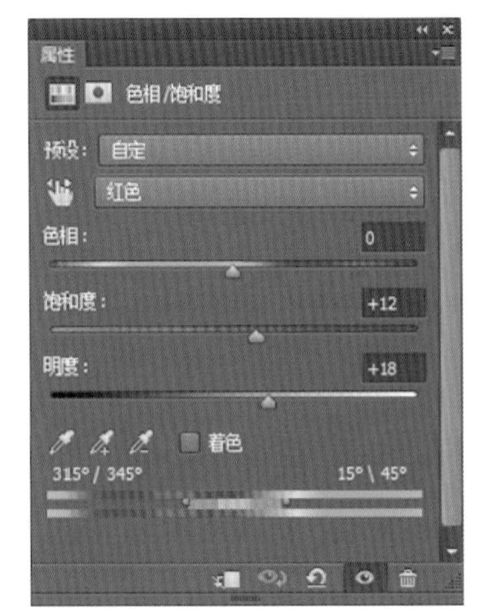

图 5 色相 / 饱和度参数

图 6 调整色相 / 饱和度效果

步骤五：新建“色相饱和度 2”调整图层，调整黄色。

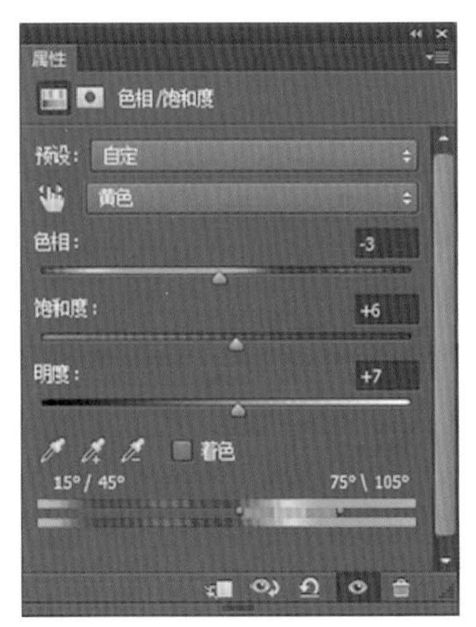

图 7 色相 / 饱和度参数

图 8 调整色相 / 饱和度效果

步骤六：新建“色相饱和度 3”调整图层，调整绿色。

图 9 色相 / 饱和度参数

图 10 调整色相 / 饱和度效果

步骤七：新建“色相饱和度 4”调整图层，调整全图。

图 11 色相 / 饱和度参数

图 12 调整色相 / 饱和度效果

步骤八：新建“色相饱和度 5”调整图层，调整蓝色。

图 13 色相 / 饱和度参数

图 14 调整色相 / 饱和度效果

步骤九：创建“色相饱和度 6”调整图层，调整洋红。

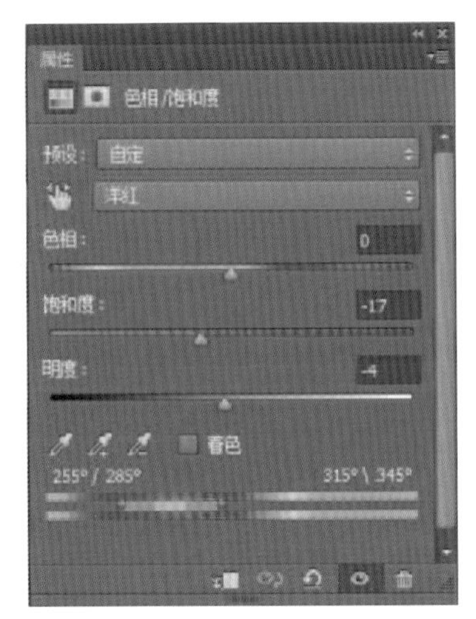

图 15 色相 / 饱和度参数

图 16 调整色相 / 饱和度效果

步骤十：新建图层，选择滤镜 / 其他 / 高反差保留，设置如下：

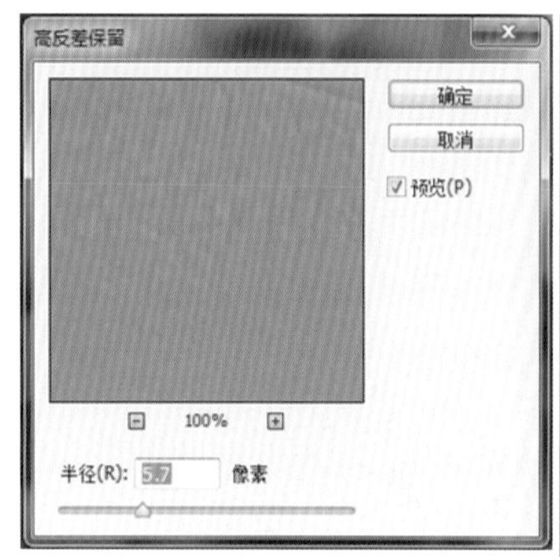

图 17 高反差保留参数

图 18 高反差保留效果

本节知识点：色调分离

通常我们在完成一幅照片的后期时，色彩如何去表现主题是非常重要的。简单的色彩可以包含情绪，也可以传递拍摄者的情感，合理的调整色彩能够让照片主题突出。众多调色工具中，强大的色调分离功能可以瞬间令你的照片充满层次感，它可以减少色阶，使得颜色减少，创造出一种非现实的感觉。

图 19 原图

图 20 效果图

3.2 痴心的我

2013 年 8 月，长沙 西湖公园。

参数设置：Canon 5D II F5.6/ 1/2000 ISO 640

3.2.1 选择《痴心的我》的理由

漂亮的影调

波光粼粼的湖面，美丽的白鹤为阳光下的荷驻足

一幅生态和谐的自然美景

低角度的拍摄能够较好地展现波光的层次感。照片中白色的鸟与深色的水面明暗对比突出，因此容易突出气氛。

3.2.2《痴心的我》背后的故事

在又一次歇斯底里的爆发后，她拖着小小的行李箱在清晨离开了家。后来每当她回忆起那些青春期强迫症的行为，无一例外地都归咎于家庭生活环境的阴郁。父亲脾气暴躁，奉行棍棒底下出孝子的原则，小时候的她从未因为是个女孩少挨板子。又或者，就因为她是个女孩才会常常惹父亲生气吧。最让她难以接受的是，这样的父亲，母亲居然还护着，体谅他工作的不顺，体谅他生活的不易，唯独不关注她那颗受伤的小心灵。身形高大的父亲她是无法对抗的，大多时候，她也只能把气撒在母亲身上，这一次也是如此。父亲因为工作的事情对上夜班刚回家的母亲动了手，她劝母亲离开父亲却换来母亲的一句："小孩子不要管大人的事情。"她哭，她闹，她恨，她只愿从此不再有这样的父母，那一年她16岁。

她和她的行李寄居在一个酒吧服务员的房间，她认识他没有多久，兜里揣着几百块钱的她当然租不起房子，只能腆着脸占据了人家的沙发。白天上学晚上在酒吧打工的日子，她学会了抽烟、喝酒，还有喜欢同为服务员的他。他那么好，和她一起上班，送她去上学，唱好听的歌給她，給她买好吃的，她想，这是一种多么不一样的温暖生活啊，一辈子就这样吧。

那天，他说他要去远方上大学了。他考上了四川的一所音乐学院，那里有热辣辣的火锅，也有他热辣辣的明星梦。她是那么地依恋他啊，所以，她决定要和他一起去实现他的梦想。

在另一座城市，她依旧做酒吧服务员的工作。他却越来越忙，学业、社团活动甚至一些校外的演出都让她越来越难见到他。夜半街头，她常常和影子低声说："没关系，他只关心我一个，我们一定会好好在一起。他的手机、QQ，甚至银行密码我都知道，一点蛛丝马迹都瞒不过我的，昨天那个在QQ上打招呼的女生已经被我删掉了嘛，手机屏保一直都是咱们的合影，对了，那个老让他去演出的女生应该是对他有意思，我得去好好跟她说说。今天他的演出我得出现，而且他必须告诉其他人我是他女朋友。不对，刚刚信用卡信息显示他在咖啡厅，应该是两杯咖啡的钱啊，和哪个坏女人，我得赶过去问问。"

他太坏了，和父亲一样坏啊，虽然没有动手打我，可是就这样消失了。他家人居然还说他是病了，一定不是的，就是不负责任。男人都是一样坏，我这么痴心的对他，换来的居然就是这样的结果，等着吧，我会报复的。

家还是那个家。不过无所谓啊，只是要钱，我要复读，要找个好工作，要让你们都后悔，因为我是坚强的我。

多年以后，她偶然看到一部老电影，名字叫做《痴心的我》。那一刻，她仿佛在阿珍身上找到了自己的影子。她才知道，所有的痛苦和失望都是源于自身的狭隘，所有的梦想和幸福都源于自身的努力，没有自我的人生是无法找到真正的意义的。

那天在她的朋友圈里，我看到她晒出和父母一起旅行的照片，画面中她真的很美。

3.2.3 如何用 Photoshop CC 完成《痴心的我》后期制作

步骤一：复制图层备份。

步骤二：新建“色阶”调整图层。

通过色阶来调整影调：“色阶”向右调一点，整个影调看起来非常舒服。

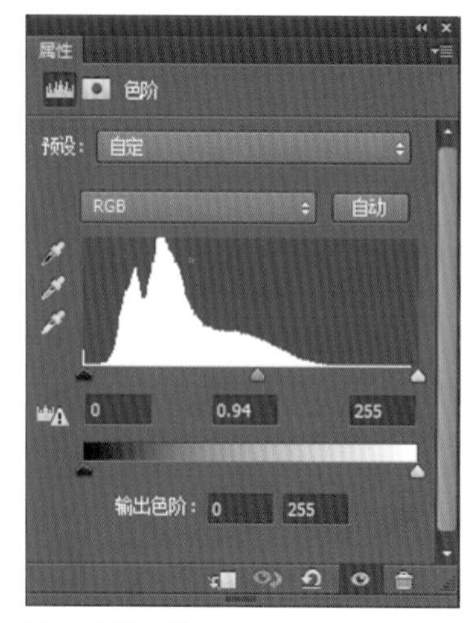

图 1 色阶参数

图 2 调整色阶效果

步骤三：新建“曲线”调整图层。

执行“曲线”，水纹的亮度不变，压低水面的的暗部，加强背景反差。再用黑画笔将鹤的头部、腿部描出，使其不受曲线调整的影响。

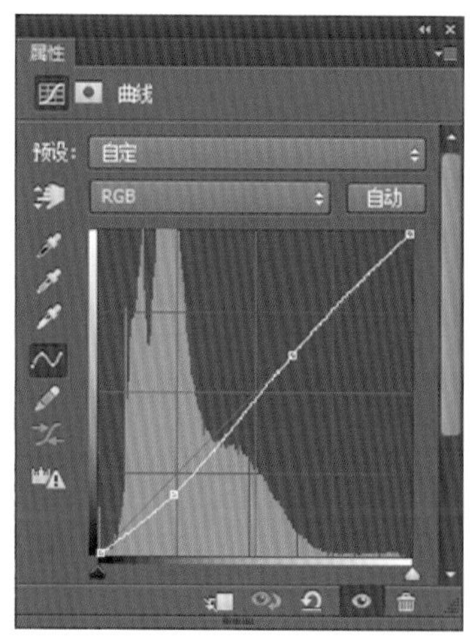

图 3 曲线参数

图 4 调整曲线效果

步骤四：新建“色相 / 饱和度”调整图层。

画面感觉偏绿，与秋天景色不符，执行“色相 / 饱和度”，增加黄色，让色调得以调整。

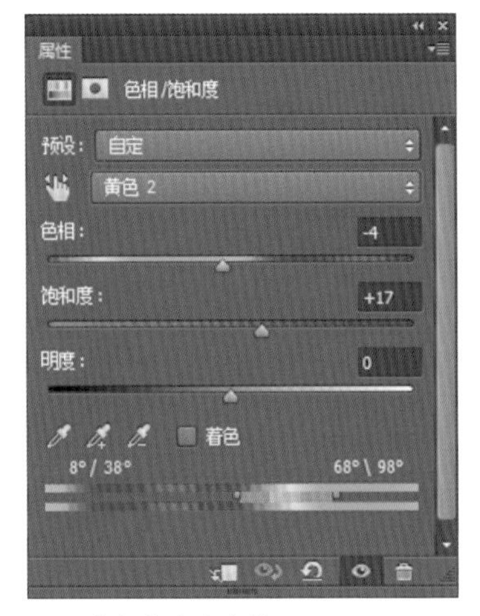

图 5 色相饱和度参数

图 6 调整色相饱和度效果

步骤五：使用高反差保留滤镜。

新建图层，执行“高反差保留”锐化。前景色为黑，“Alt+Del”蒙版变黑，用白画笔涂出鹤和荷花。鹤和荷花被锐化了，其他部分未发生变化。

图 7 高反差保留参数

图 8 高反差保留效果

步骤六：新建“曲线”调整图层。

执行“曲线”再次提亮画面。

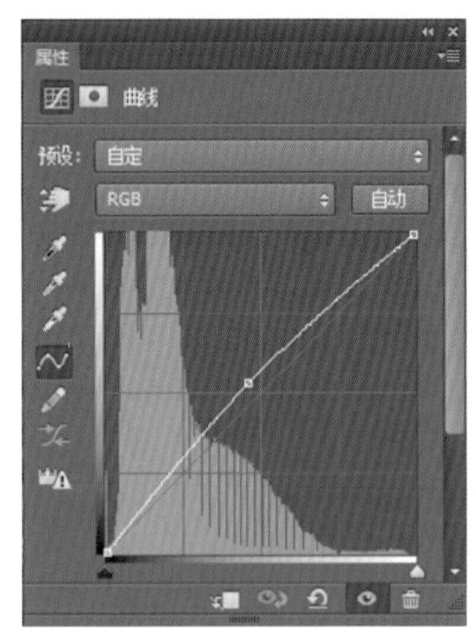

图 9 曲线参数

图 10 调整曲线效果

图 11 原图

图 12 效果图

3.3. 脚　步

湖南株洲北站铁轨。

株洲：京广线、浙赣线和湘黔线在株洲交汇，使株洲成为中国最重要的铁路枢纽之一。

参数设置：Canon EOS 6D F/6.3 1/200 ISO 100

3.3.2 选择《脚步》的原因

清晰的线条，虚晃的脚步，闪耀着光泽的铁轨。

通常作为主体的脚应该是实的，但是为了配合主题，作者选择了虚晃的脚步，一如人生之路，你走还是不走，路就在那里，无比清晰，有阳光，有沙砾，有石头，你唯有坚定不移走下去。

3.3.2 《脚步》背后的故事

“铁轨很长、脚步很沉重，但我还是要一直走下去。”

他是爱笑爱闹的小年轻，很多时候因为无知，所以无畏。

学过几天音乐，就敢当众表演，知道了几个专业词语，上课时就成为了老师的专业捧哏。在电视台某个节目现场举过几次提词板，就敢称自己是现场导演。

于是，某天，他就“被”导演了，需要带领一个6个人的小组完成一个短剧。他的团队里，有班上最好的编剧、后期、泼辣的制片和絮絮叨叨的摄像。当然，更多的是贴在他和团队成员之间满满当当90

后的标签：张扬、自我、个性，自信、脆弱，敏感、自私、缺乏责任感和忠诚感。

两个月的时间里，无数次的协调会，伴随着争吵、眼泪、互相指责、罢工、团队成员出走，资金不够、后期系统崩盘、演员时间无法配合等问题，以至于后来的后来，作为指导老师的我都不想看到他们的脸、更不想接听他们的电话，太多的负能量也是能让人抓狂的。

终于看到他们的成片了，没有想象中的好，也没有意料的坏，故事只能算基本讲清楚了，情感有那么点打动人。经历了那么多，最重要的居然是："成片"终于完成了。我本以为他和团队会一拍两散，完不成片子的。

作为"打不死的小强"型性格的典型代表，他应该是哭过多次才和团队一起完成这个片子的吧。是的，我没猜错，当该片在学校的比赛中获得了一个奖项的时候，他貌似也哭得最伤心。

后来，在跟我聊天的时候，他常常会提起这部片子对他的影响。他原本不会制作后期，可是因为团队后期的罢工，所以他也就只能自己对着书一个一个片段地剪，因为英文不好，常常还需要翻译剪辑软件的菜单，腆着脸求教同学是常态，半夜三更常被锁在机房里，原本拍片不注意细节，因为这部片子，他发现了很多问题，所以后来，他常常会下意识地在拍摄前就预设好可能出现的问题。

毕业季，他常常会跑来我办公室，说得最多的依然是这部片子对他的影响，他本不知道自己大学到底能学到什么，也不知道应该学些什么，看不到未来的他每天尽管每天都很担心，却一不小心就浑浑噩噩过了两个学年，直到被迫需要完成这个短片。

他说，其实当他在埋怨这部片子让他流下伤心的泪水时，人生的花朵已经悄然地含苞待放。他学会了面对问题，学会了做事的方式，也学会了团队合作，最重要的是：经历一些苦难，磨砺出自己的光芒，于他，是他学生时代最重要的收获。

3.3.3 如何用 Photoshop CC 完成《脚步》后期制作

步骤一：复制背景图层。

步骤二：新建"色阶"调整图层。

通过色阶调整亮部的细节，让图像影调偏高调。

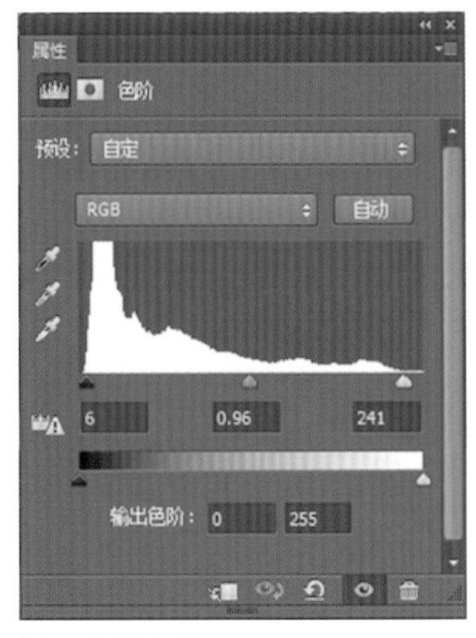

图 1 色阶参数

图 2 调整色阶参数

步骤三：新建“曲线”调整图层。

通过曲线调整铁轨被阳光照射的一面，改善这一部分色彩偏灰的效果，使其富有层次感

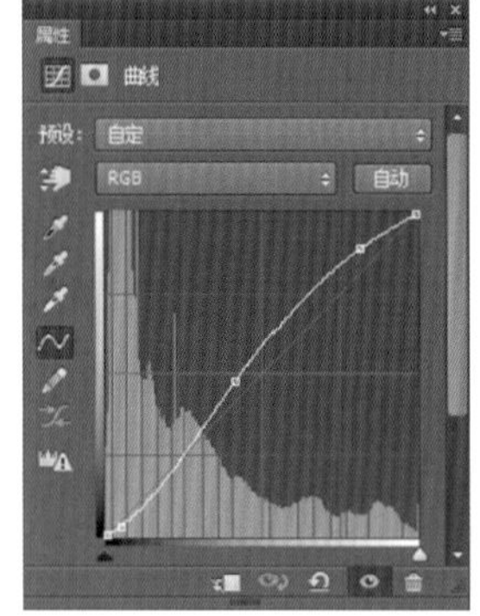

图 3 曲线参数

图 4 调整曲线效果

步骤四：新建“色相 / 饱和度”调整图层。

增加红色饱和度，形成暖色调效果。

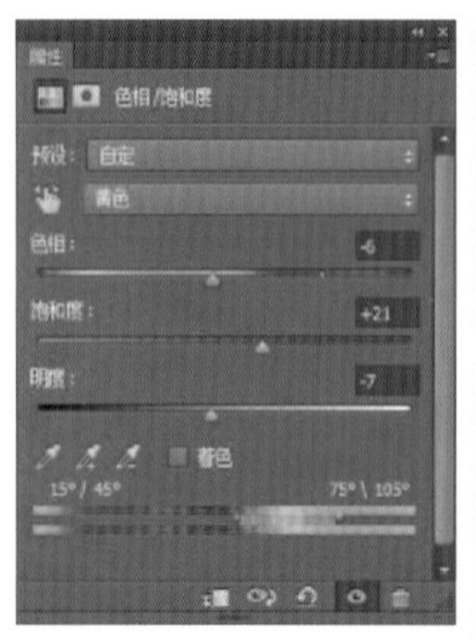

图 5 色相 / 饱和度参数

图 6 调整色相 / 饱和度效果

步骤五：新建“照片滤镜”调整图层。

为图片增加黄色加温滤镜，让画面中黄色成为亮点。

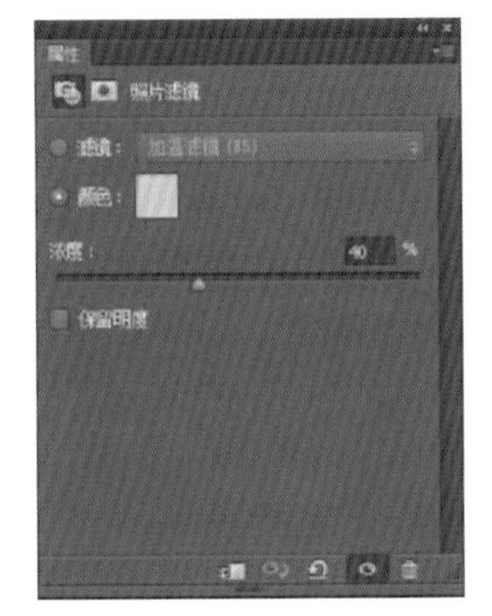

图 7 加温滤镜参数

图 8 调整照片滤镜效果

步骤六：新建“亮度 / 对比度”调整图层。

增加画面的对比度，让画面整体的感染力得以增强。

图 9 亮度 / 对比度参数

图 10 调整亮度 / 对比度效果

步骤七： 新建图层，使用滤镜 / 锐化 / 防抖。

拍摄时将相机放在铁轨的枕木上，用手机遥控拍摄，稍微有些模糊，通过滤镜 / 锐化 / 防抖功能将因运动而模糊的图像进行计算还原。

图 11 滤镜位置

图 12 使用滤镜效果

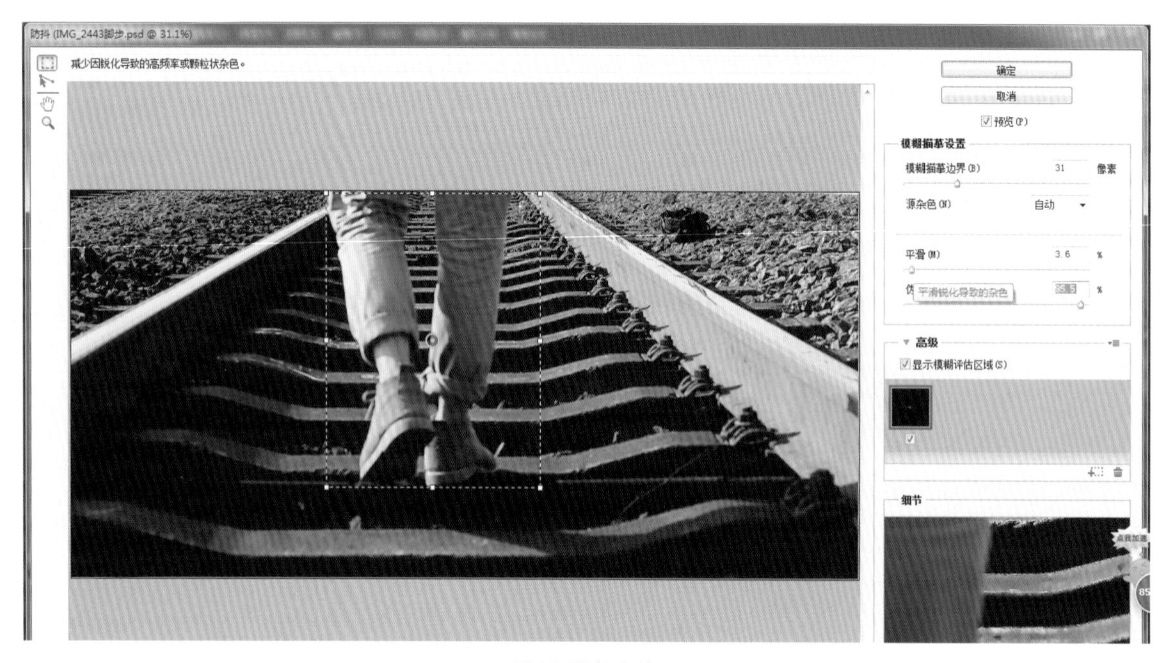

图 13 防抖参数

本节知识点 1：照片滤镜

需要强化和调整图片的色调，最简单的做法是使用 PhotoshopCC 中“照片滤镜”。此例使用了“加温滤镜。其他滤镜可根据图片需要进行添加，用来使色调形成变化。

本节知识点 2：防抖滤镜

防抖滤镜是 PhotoshopCC 的新功能，它能够较好地修复拍摄过程中因为相机抖动而产生的画面模糊，还原原片中的很多细节。

图 14 原图

图 15 效果图

3.4 传　奇

2014 年 8 月，湖南长沙某农庄。

3.4.1 选择《传奇》的理由

金色耀眼的莲蓬，压暗的背景，简洁的画面，三分法构图。小品拍摄时要善于利用光线来提升照片的立体感。该片在拍摄时正好抓取到太阳钻出云雾那一刻的斜侧光照到莲蓬上，让普通的莲蓬熠熠生辉，后期制作中强化了这一效果。

参数设置：Canon EOS 6D F/4 1/200 ISO 200

3.4.2 《传奇》背后的故事

夏末秋初，残荷遍野，
清雅飘逸高洁的莲已然迎来它的归途。
唯有此金色莲蓬直视斜阳，
依然在凸显其旺盛的生命力。

不知道为什么，
每每看到金色，
常常会想到身边的很多老年摄友，
他们内心涌流着澎湃的激情，
行摄于天地之间，
在生命的履历上苍劲注解快乐摄影的意义。

深沉、绚烂、神秘的金色莲蓬，
于他们更像是生命的张力。
每每见到他们，
会感动于他们的认真和执着。
在他们孩子般的笑容里，
慢慢地会以为，凋枯将不会是生命的终结，
而是轮回里的一种，
传奇。

3.4.3 如何使用 Photoshop 完成《传奇》后期制作

步骤一：新建图层备份。

步骤二：新建“色阶”调整图层。

通过色阶调整亮部的细节，让莲蓬的效果更加突出，中间灰阶则靠向黑色，形成荷叶与莲蓬之间的层次。

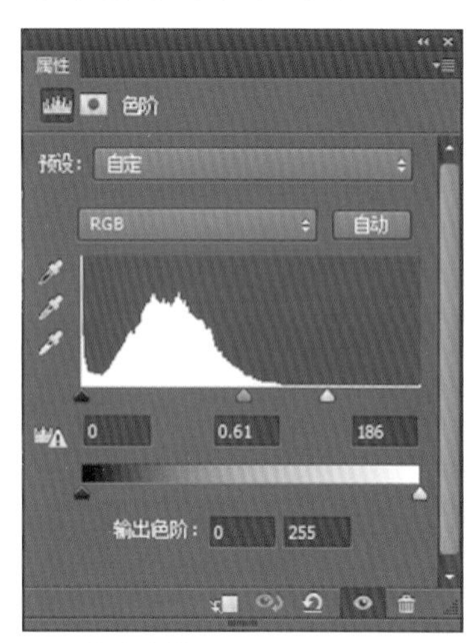

图 1 色阶参数

图 2 调整色阶效果

步骤三：新建“曲线 1”调整图层。

通过曲线调整莲蓬金色与白色部分的亮度，让其更加耀眼。

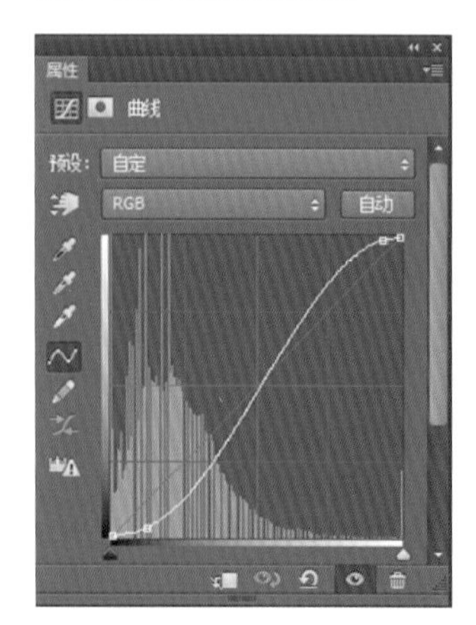

图 3 曲线参数

图 4 调整曲线效果

步骤四：新建“自然饱和度”调整图层。

通过自然饱和度对饱和度高的莲蓬须根部进行调整，使其不会因曝光过度而出现色块。

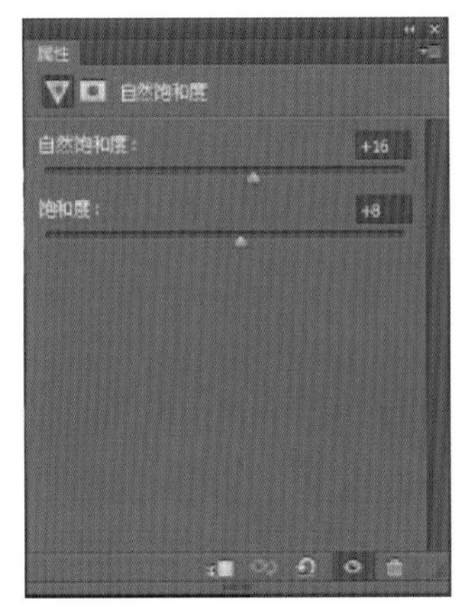

图 5 自然饱和度参数

图 6 调整自然饱和度效果

步骤五：新建图层：滤镜 / 其他 / 高反差保留。

使用高反差保留滤镜强化莲蓬及荷叶的轮廓，保留半径：5

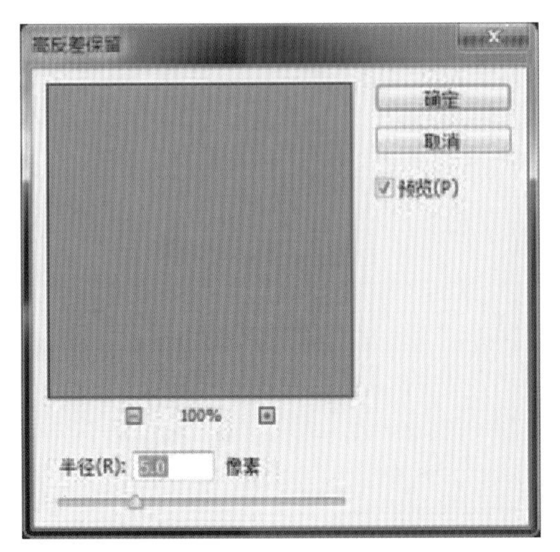

图 7 高反差保留参数

图 8 使用高反差滤镜效果

步骤六：新建“曲线 2”调整图层。

通过曲线 2 调整背景荷叶与主体莲蓬的对比，增加蒙版，用黑色画笔将莲蓬透出。

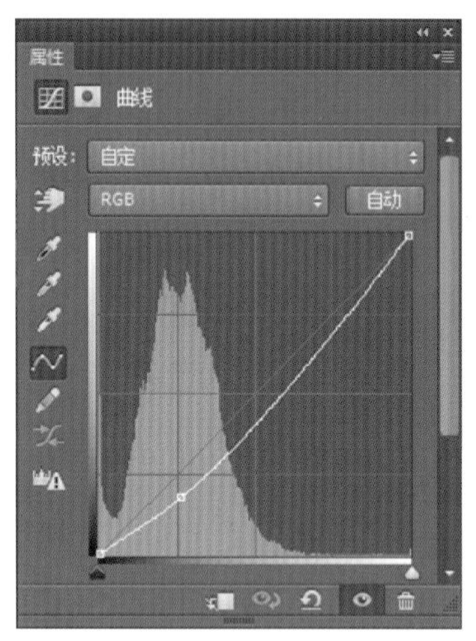

图 9 曲线参数

图 10 调整曲线效果

图 11 原图

图 12 效果图

3.5 Lost Stars

2014 年 7 月，长沙某农庄。

3.5.1 选择 *Lost stars* 的理由

明快的色彩

宛若星光一般耀眼的光斑

简洁的构图

大光圈，有太阳照射的树下，主体与背景有一定的距离拍摄时，容易形成美丽的光斑，光斑常常给人以梦初醒般的效果。

参数设置：Canon EOS 6D F/4 1/250 ISO 100

3.5.2 *Lost Stars* 背后的故事

之所以将这幅图片取名为 Lost Stars,

不仅仅是被电影《歌曲改变人生》感动，更源于歌曲中的两句歌词：

“你不怕我们最好的回忆带给你悲伤”

“尽管我们是夜空中迷失的星星，但仍旧想照亮夜空。”

年少时，我们共同经历青春，一如这昂首伫立的向日葵，浮现着无边的热情。

那些年少轻狂的日子，那些蠢蠢欲动的梦想，那些恣意妄为的青春。

在彻夜狂欢的迷醉中，在黯然神伤的凝眸里，或燃烧了自己或灼伤了别人。

她的他在频频回首中不忍离去，他的她在心碎时分执意出走，

仿若

残酷青春系列。

后来的后来，彼此人生再也没有了交集，从此，星星迷失在暗夜里，再也无法找到相聚的理由。

可是，年少轻狂的岁月啊，

如果没有那些闪亮星星的陪伴，黑夜将会多么寂寞。

浩瀚星空里，渺小如尘的我们也曾有过闪亮的岁月。

那些记忆中的悲伤，丰富了人生。

3.5.3 如何使用 Photoshop CC 完成 *Lost Stars* 后期制作

步骤一：复制图层备份。

步骤二：新建“色阶”调整图层。

通过色阶调整白色光斑的亮度，让其更加明亮，灰阶稍微靠近暗部，形成背景与主体之间的层次。

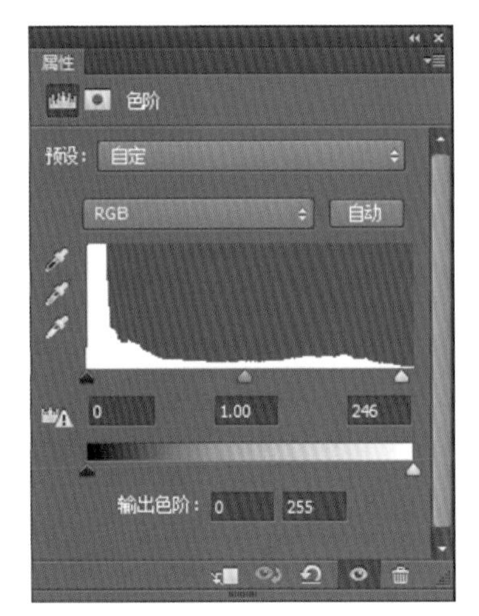

图 1 色阶参数

图 2 挑这个色阶效果

步骤三：创建“曲线 1”调整图层。

通过曲线调整高光与阴影，让向日葵更加立体。

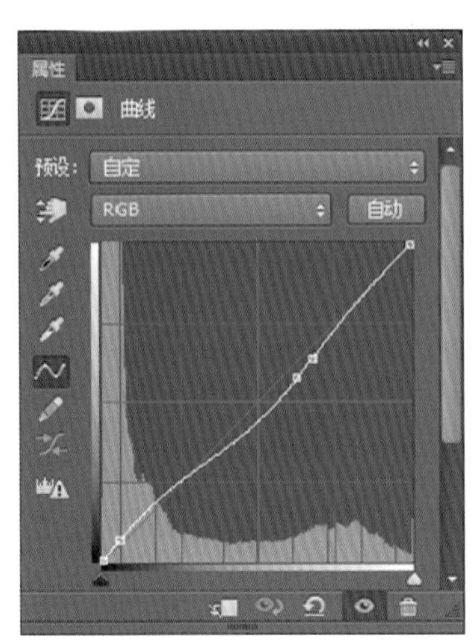

图 3 曲线参数

图 4 调整曲线效果

步骤三：复制图层，使用滤镜。

使用滤镜 / 其他 / 高反差保留，让向日葵的轮廓突出，花瓣的线条明显，设置半径 5。

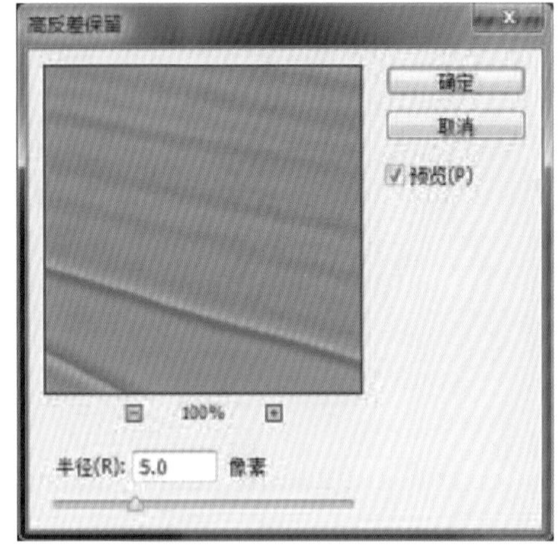

图 5 滤镜参数

图 6 高反差保留效果

步骤四：新建“曲线 2”调整图层。

通过曲线调整花瓣、花蕊中葵花籽的对比，让花朵的形态更加生动，色彩更加饱满。

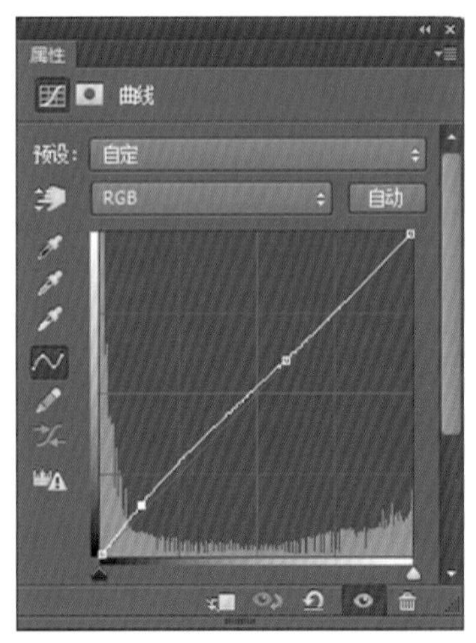

图 7 曲线参数

图 8 调整曲线效果

图 9 原图

图 10 效果图

3.6 你若盛开

2015 长沙某农庄湘莲种植基地。

3.6.1 选择《你若盛开》的理由

盛开的莲花因其美丽身姿吸引了勤劳的小蜜蜂

互为补色的绿与品因刻意压暗的背景对比十分鲜明

阳光下荷叶有了一种通透感，用荷叶营造的框格凸显主体

参数设置：Canon EOS 5DII F6.3 1/400 ISO 640

3.6.2 《你若盛开》背后的故事

初识她时，她是读书活动的发起者、咖啡沙龙的主持人，据说已横扫韩法德北上广深等各处咖啡馆。

交道打多了，发现她的身份也越来越多样化：网站编辑、业余策划人、自由的行者、众筹发起者、某 4A 广告公司旗下运营总监和 90 后。

旁人只道她的美好世界唾手可得，却不知她在你睡眼朦胧的时候翻掉了半本专业书，在你大吃大喝的时候跑了几圈步，在你赖床不起的时候冲了一杯浓咖啡完成了一个 Project。在你沉溺麻将桌时游荡于异国他乡街头，与形形色色的人相识相伴，沉淀自我。

蝴蝶的美丽是来自不断的蜕变。

生命的美丽则是来自不断的挑战。

而今的她已经有了自己的公司，用她的话来说，就是有了一份喜欢并且还有激情去发展的事业，不经意间还收获了份甜美的爱情。

她如一朵莲，穿透纷繁的浮杂，她自盛开，浅笑安然，清风徐来。

3.6.3 如何用 Photoshop CC 完成《你若盛开》后期制作

步骤一：裁剪：将原片裁剪成方画幅，将荷花放在兴趣点附近。

步骤二：新建“色阶”调整图层。

通过色阶调整中间的细节，将灰色滑块稍向右调整，让整个画面影调变得更加平和。

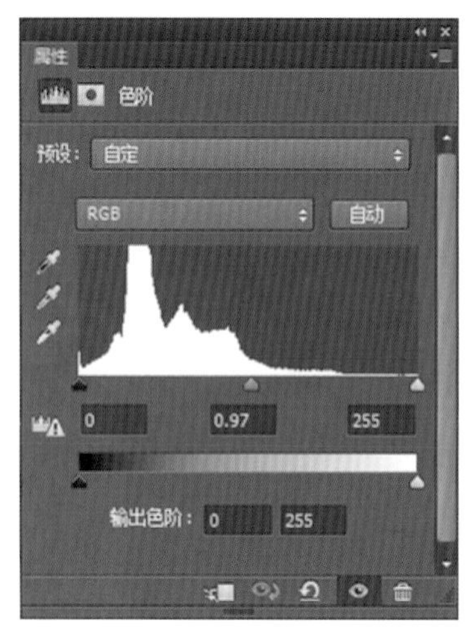

图 1 色阶参数

图 2 调整后效果

步骤三：新建“曲线”调整图层。

通过曲线调整背景：用“快速选择”工具制作选取，将背景选出，用曲线调整背景反差。背景暗下去了，左上角的背景光和荷花、荷叶突出了。

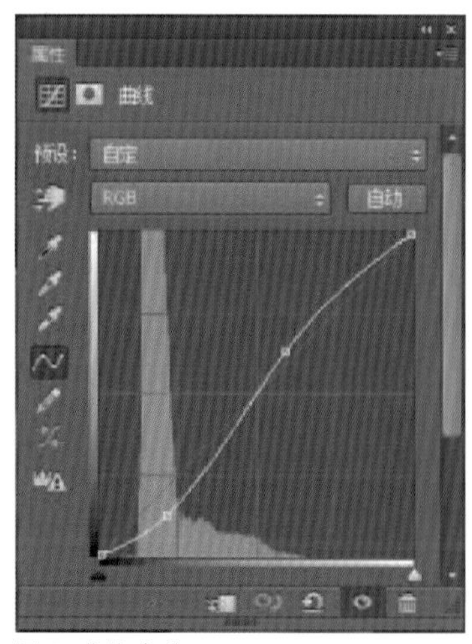

图 3 曲线参数

图 4 调整后效果

步骤四：新建“色相 / 饱和度”调整图层。

通过调整增强左下角荷尖的色饱和度，以跟主体形成呼应效果。增加“色相 / 饱和度”的“洋红”，加黑色蒙版，用白画笔将荷尖描出。

图 5 色相 / 饱和度参数

图 6 调整后效果

步骤五：新建图层，使用滤镜。

锐化荷花：“Shift+Ctrl+Alt+E”，实行盖印图层；执行“滤镜”“其他”“高反差保留”，半径为“5”左右，图层类型为“叠加”；添加黑蒙版，用白画笔将荷花描出。

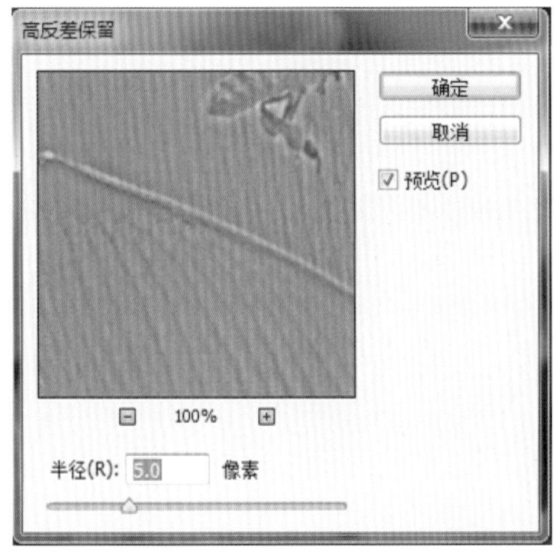

图 7 高反差保留参数

图 8 使用滤镜后效果

图 9 原图

图 10 效果图

3.7 牛奶锅

2015 年 8 月，奥地利 萨尔茨堡。

萨尔茨堡是一座具有浓郁中世纪风情的城市，是电影《音乐之声》拍摄地 ，也是“音乐天才”莫扎特的故乡。

参数设置：Canon EOS 6D F14 1/6 ISO 100

3.7.1 选择《牛奶锅》的理由

慢门拍摄的水流如丝滑般的牛奶。

富有特色的市政建设广场上中世纪的供水道。慢速拍摄可使运动的物体形成虚影，虚实相映的效果更能体现动感。慢速拍摄建议使用三脚架和快门线。通常阴天或阴影的环境能较好地消除水流的高光，形成较好的慢速拍摄效果。

3.7.2 《牛奶锅》背后的故事

每每看到这张照片，都有一种无从下手写作的感觉。

许是因为它过于独特，作为奥地利第四大城市，萨尔茨堡不仅是奥地利国内历史最为悠久的城市，是奥地利巴洛克古建筑的集中之地，还是音乐天才莫扎特的出生地。

又或者不完全是因为这些游记里耳熟能详的溢美之词。

记得刚刚到达萨尔茨堡时，我是有些许失望的，

在看过东欧其他城市的美之后，总觉得也是不过如此。

很快的，萨尔茨堡就用它的特别惊艳了我，

无论是米拉贝尔的调皮喷泉还是粮食胡同的莫扎特故居风情甚至是《音乐之声》里的自由歌唱之山都让我印象深刻。

然而最难忘的居然是萨尔茨堡的供水道。

预订的酒店座落在旧城靠河边的一栋历史建筑中，每次出门都要经过城市广场，每每被延续使用至今的中世纪供水道所吸引，

白天，孩童在旁边嬉戏，互相撩水，晚上，旁边的游客就这潺潺的水声，喝杯啤酒，一天的疲惫和着美景荡然无存。

这些从 13 世纪起就把山上的水引进城市，为磨坊提供动力的供水道时至今日仍然可以使用，没有被废弃或者拆除，也算是个奇迹吧。

旅行结束后，我也常常会想到这些供水道和旅行中见到的动辄号称好几百年历史的建筑或者设施。

或许将来的某一天，我们的城市基础设施也会如萨尔茨堡一样吧。

3.7.3 如何用 Photoshop CC 完成《牛奶锅》后期制作

步骤一：复制图层备份。

步骤二：新建色阶调整图层。

通过调整色阶来调整图片边缘的深色部分，让暗部细节更为明显一些。

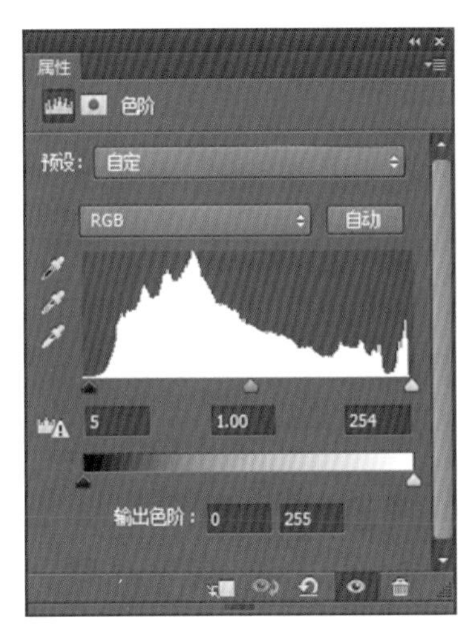

图 1 色阶参数

图 2 调整效果

步骤三：新建曲线调整图层。

通过曲线调整，让水流、石壁形成较为明显的对比，让画面内部黑、白、灰色形成层次感，不至于单调。

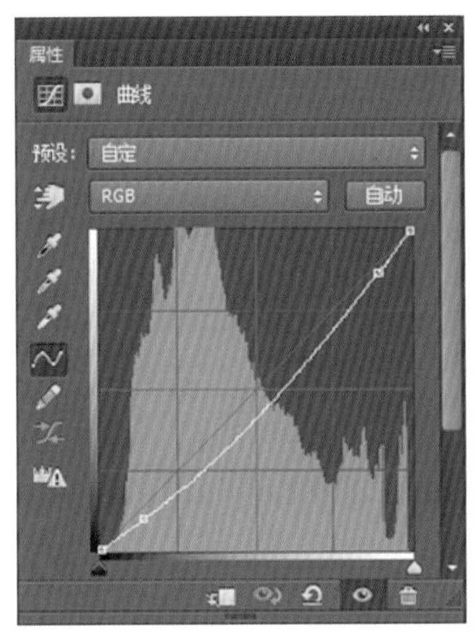

图 3 曲线参数

图 4 调整效果

步骤四：新建图层，对新建图层使用滤镜。

在新建图层上使用滤镜/其他/高反差保留，让画面中下水道的轮廓，水流与边缘颜色、明暗反差较大两部分的交界处保留下来，配合叠加模式，不仅让画面更为清晰，也让水流喷溅而下形成牛奶般的效果更为突出。

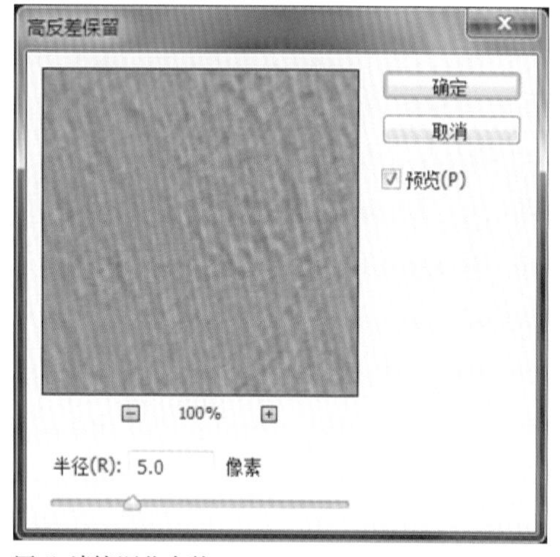

图 5 滤镜调节参数

图 6 调整后效果

步骤五：新建"曲线"调整图层。

通过曲线调节花岗石壁本身的对比度，让其更显质感，让下水口边缘颜色呈现些微深蓝色，让整个画面呈现出一种时髦的中世纪暗黑效果。

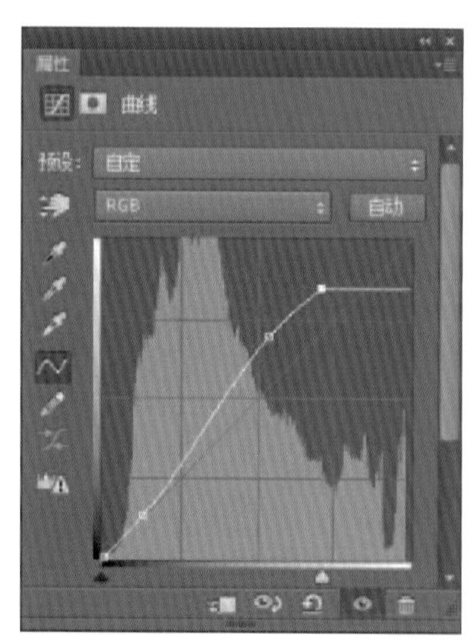

图 7 曲线参数

图 8 调整效果

图 9　原图

图 10 效果图

3.8 残 荷

2014 年 9 月，长沙某农庄。

3.8.1 选择《残荷》的理由

独特造型呈现出不屈不挠的精神，后期制作中刻意虚化了无关主体的其他内容，压暗背景后只留下残缺之美。

拍摄残荷时，构图的形式感非常重要，要充分利用主体的线条、质感营造意境，才能规避残荷的劣势，形成独特的画面感。

参数设置：Canon EOS 6D F/5 1/400 ISO 100

3.8.2 《残荷》背后的故事

残荷，虽然外表已枯萎凋败，但其中生命的力量仍在奔涌。

她生来不幸，患小儿麻痹症，三岁时掉入火塘中，半边脸颊留下疤痕，八九岁才学会走路，小学上了一年就上不下去了，偏偏还性格执拗，非常不讨母亲的喜欢，哪怕是她出嫁的那天，母亲也不曾送她。

为人妇的日子里，她赌着一口气，右手不方便，就用左手干家务，腿脚不方便，也还是要不时到自留地里去看看的。当然，别人说她不好也是一定要骂回去的。旁人只道她肢体不灵活脑子估计也好不到哪里去，可是，对于那些善待她的人，她却时时奉上一杯热茶。她说不出什么甜言蜜语，能做的就是羞涩地笑着，准确地喊出人家的名字。

好在娶她的也是个老实人，虽家境不甚宽裕，却胜在对她一片真心，日子也就这么过了下来，后来还有了一双可爱的儿女，慢慢的也就淡忘了岁月的残酷。

她的一生很短，短到只有 50 多岁，一如经历春夏秋三季的荷。

生命蓬勃的荷，千姿百态却又有着相似的快乐，而残荷，我不知道他们在生长之初是否内心和身体有着更多的挣扎，枯萎之前是否有着更多的痛苦，无论如何，我想它们是不甘的，想必也是与命运一路抗争，才会以这样一种悲壮的姿态呈现在世人面前吧。

她离开的时候，据说很是安详。

3.8.3 如何利用 Photoshop CC 完成《残荷》后期制作

步骤一：复制图层备份。

步骤二：利用通道压暗背景。

选择“通道面板”找到背景最暗的蓝色通道，Ctrl+ 鼠标点击蓝色通道，建立选区。

返回图层面板，选择反选 / 编辑 / 拷贝编辑 / 粘贴。

调整图层面板出现的新背景图层亮度 / 对比度，添加白色蒙版，用黑色画笔将残荷透出来。

图 1 利用通道压暗背景

步骤三：新建“曲线”调整图层。

通过曲线调整残荷绿色部分和枯萎边缘的对比度，调低画面的白色亮度，让画面整体看起来更干净些。

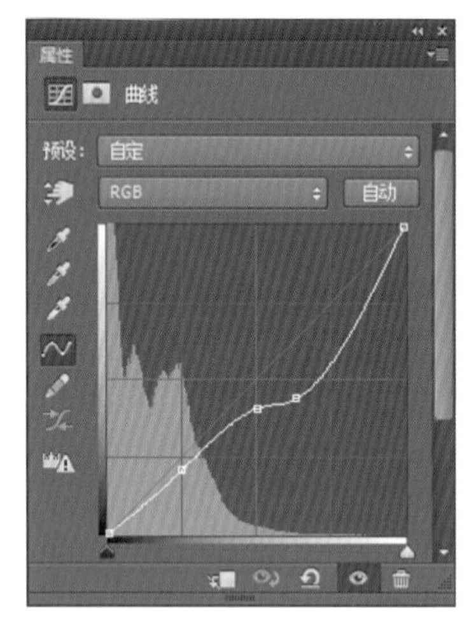

图 2 曲线参数

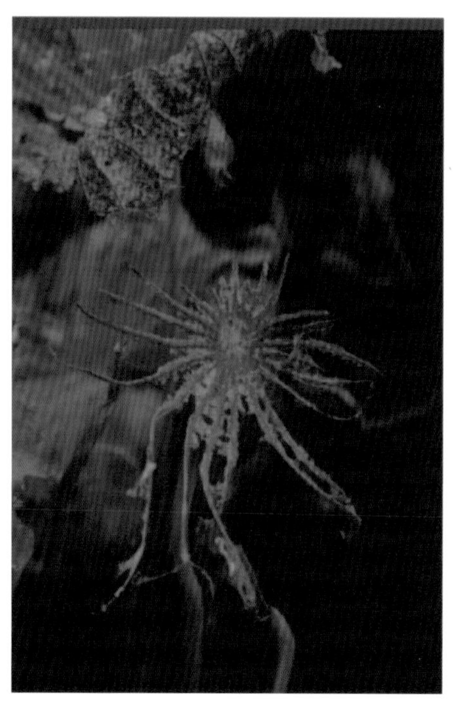

图 3 调整曲线效果

步骤四：新建“可选颜色”调整图层。

选择红色，调低洋红、青色和黑色，增加黄色，让画面主体色彩看起来更饱满些。

图 4 可选颜色参数

图 5 调整可选颜色效果

步骤五：新建图层，使用滤镜。

使用滤镜 / 模糊 / 动感模糊，图层模式：浅色，使得画模糊面中跟主体无关的内容被虚化。

添加白色蒙版，用黑色画笔将残荷透出。

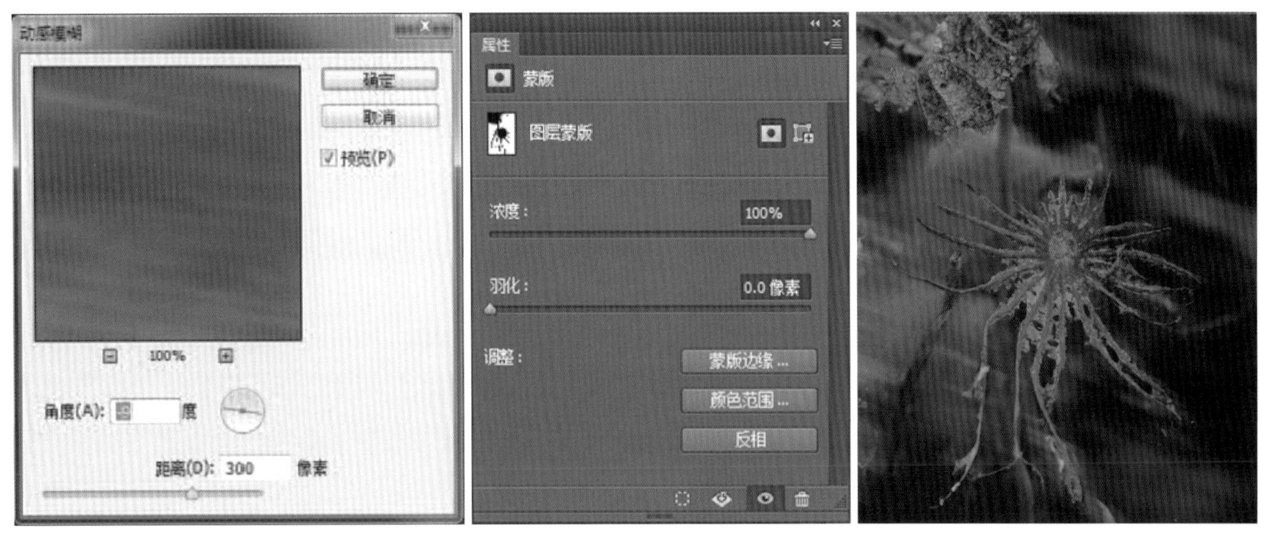

图 6 模糊背景参数及效果

本节知识点：动感模糊

模糊是我们后期制作图片的一大利器，如高斯模糊常用来磨皮，路径模糊常用来制造梦幻感，动感模糊则常用来对背景进行模糊，如汽车快速移动时的背景虚化等。

步骤六：新建“亮度 / 对比度”调整图层。

调高整个画面的对比度，让背景与主体之间的对比更加明显，稍微调低画面的亮度，形成低调效果。

图 7 亮度 / 对比度参数

图 8 调整亮度 / 对比度效果

图 9 原图

图 10 效果图